转基因作物风险测度及管控机制研究

◎ 李建平 肖 琴 周振亚 等 著

中国农业科学技术出版社

图书在版编目（CIP）数据

转基因作物风险测度及管控机制研究／李建平等著 . —北京：中国农业
科学技术出版社，2018.12

　ISBN 978-7-5116-3628-7

　Ⅰ.①转…　Ⅱ.①李…　Ⅲ.①转基因技术–应用–作物育种–风险管理
Ⅳ.①S336

中国版本图书馆 CIP 数据核字（2018）第 082191 号

| 责任编辑 | 崔改泵 |
| 责任校对 | 贾海霞 |

出 版 者	中国农业科学技术出版社
	北京市中关村南大街 12 号　邮编：100081
电　　话	（010）82109194（编辑室）　　（010）82109702（发行部）
	（010）82109709（读者服务部）
传　　真	（010）82106650
网　　址	http：//www.castp.cn
经 销 者	各地新华书店
印 刷 者	北京建宏印刷有限公司
开　　本	710mm×1 000mm　1/16
印　　张	13.5
字　　数	220 千字
版　　次	2018 年 12 月第 1 版　2018 年 12 月第 1 次印刷
定　　价	60.00 元

资　助

项目名称：**转基因作物生态风险测度及其控制责任机制研究**
项目批准号：71373265

项目组

项目主持人：李建平
项目组成员：肖琴　周振亚　李俊杰　罗其友

前　言

自 20 世纪以来，生物技术迅速发展，并在医药、农业、能源、环保等领域获得广泛的应用，取得了巨大的经济效益和社会效益。转基因技术作为生物技术的核心，发展最快、应用潜力巨大。农业是转基因技术应用最广泛的领域之一。近年来，随着各国纷纷把发展转基因技术作为增强农业国际竞争力、抢占未来科技制高点的战略重点，转基因作物研发和产业化呈现快速发展的态势。全球转基因作物的种植面积从 1996 年的 170 万公顷快速增加到 2016 年的 1.851 亿公顷，累计种植面积超过 21 亿公顷。

但是，如同许多新兴技术一样，转基因技术发展过程中的潜在风险问题，特别是转基因作物是否会对生态环境构成威胁、转基因产品是否会危害人类健康以及由此带来的经济和社会问题等为社会各界所高度关注。

本研究利用现有的与转基因作物安全性相关的科学数据和信息，系统地评价已知的或潜在的转基因作物风险，着重分析、测度转基因作物生态风险，结合国内外转基因生物安全管理实践，研究相应的风险策略和安全管理措施，为国家前瞻性的部署转基因作物研发、产业化发展政策提供参考。

本书共分 10 章。第 1 章作为本书的引言，重点论述本研究的背景、国内外研究进展、研究目标和研究问题等。第 2 章梳理全球转基因作物产业发展现状，分析全球转基因作物产业发展趋势。第 3 章归纳美国、欧盟、中国的转基因作物安全管理现状，剖析中国转基因作物安全管理存在的问题。第 4 章总结转基因作物风险表现，分析转基因作物的技术特性、经济特性和风险特性，划分转基因作物风险类型，初步探讨不同类型转基因作物风险的控制机制。第 5 章建立转基因作物风险评价指标体系，构建多级模糊综合评价模型，对转基因作物风险进行综合评价。第6章和第7章着重分析转基因作物的生态风险，包括风险源系统分析和风险等级测度。第8章和第9章在利益相关者分析的基础上，构建转基因作物风险控制责任机制。第10章为本书的结语，在对本书总结的基础上，简要介绍未来转基因的研究方向及相关内容。

本书包含了合作者及其他研究人员的研究内容，对此笔者深表感谢！本研究得到国家自然科学基金的资助（项目批准号：71373265），特此感谢！由于笔者能力所限，书中疏漏之处在所难免，请读者批评指正。

著者
2018 年春

目　　录

第1章 引 言

1.1 研究背景

自 20 世纪以来，生物技术迅速发展，并在医药、农业、能源、环保等领域获得广泛的应用，取得了巨大的经济效益和社会效益。转基因技术作为生物技术的核心，发展最快、应用潜力巨大。近年来，随着各国纷纷把发展转基因技术作为增强农业国际竞争力、抢占未来科技制高点的战略重点，转基因作物研发和产业化呈现快速发展的态势。据不完全统计，以豆类、玉米、小麦、水稻、马铃薯、油菜、棉花、甜菜、苜蓿、亚麻、甜瓜、番木瓜、李子、南瓜、番茄等为代表的 35 个科 120 多种转基因作物研制都获得了成功。另据国际农业生物技术应用服务组织（ISAAA）的报告，2016 年全球转基因作物种植面积达到 1.851 亿公顷，累计种植面积超过 21 亿公顷。

中国是人口大国，2030 年前后，我国人口将增加 2 亿人以上，届时粮食年总需求量将达到 7 亿吨以上。但中国人均耕地面积仅为世界平均水平的 40%，加之资源环境刚性约束，如水资源短缺、自然灾害频发、作物病虫害增加、土壤污染和退化严重、工业化和城镇化导致耕地不断减少等，我国农业生产面临严峻挑战，确保国家粮食安全和重要农产品有效供给的任务十分艰巨。20 多年的商业化种植实践表明，转基因作物在增加产量、提高农民收入、保护环境等方面获得了重要效益。推进转基因作物产业化，有可能成为提高粮食产量、减少农业环境污染，保障我国农产品有效供给和增强农业国际竞争力的一条重要途径。

中国一直重视转基因作物的研究。《国家中长期科学和技术发展规划纲要（2006—2020）》将"转基因生物新品种培育"列为 16 个重大专项之一。《生物产业发展"十一五"规划》指出，加速生物农业技术的研发及广泛应用，重点推进超级稻、优质高产小麦、杂交玉米、转基因棉花等我国具有优势的农业良种产业，加强转基因抗病虫水稻、油菜、玉米、大豆等品种的选育。2008 年，国务院审议并原则通过了"转基因生物新品种培育"科技重大专项，计划到 2020 年，投入 200 亿元，针对转基因研发和产业化发展中急需解决的关键问题，旨在获得一批具有重要应用价值和自主知识产权的功能基因，培育一批抗病虫、抗逆、优质、高产、高效的重大转基因新品种，实现新型转基因棉花、优质玉米等新品种产业化，提高农业转基因生物研究和产业化整体水平，为我国农业可持续发展提供强有力的科技支撑。2010 年 "中央一号文件" 指出，继续实施转基因生物新品种培育科技重大专项，抓紧开发具有重要应用价值和自主知识产权的功能基因和生物新品种，在科学评估、依法管理基础上，推进转基因新品种产业化。《"十二五"生物技术发展规划》指出，要着力推进生物农业产业的发展，将转基因生物新品种培育科技重大专项的相关内容列入发展重点。2015 年中央一号文件指出，"加强农业转基因生物技术研究、安全管理、科学普及"。《"十三五"生物产业发展规划》指出，"稳步推进转基因生物新品种产业化"。

在国家相关政策的大力扶持下，经过 30 多年的努力，我国在重要基因发掘、转基因新品种培育及产业化应用等方面都取得了重大成就，初步形成了从基础研究、应用研究到产品开发的较为完整的技术体系，取得了一系列重大突破和创新成果，转基因作物育种的整体发展水平在发展中国家处于领先地位，在转基因棉花、转基因水稻等研究领域已进入国际先进行列。目前，我国已有转基因抗虫棉、耐贮藏番茄、改变花色矮牵牛花、抗病毒甜椒、抗病番木瓜、抗虫水稻、植酸酶玉米等转基因作物获得安全证书。

但与转基因作物研究积极推进态势形成鲜明对比的是，中国在转基因作物商业化推广上一直持谨慎态度。目前，中国进入商业化种植的转基因作物仅有转基因抗虫棉和转基因抗病毒番木瓜两种。之所以形成"转基因作物大胆研究、慎重推广"的局面，其中一个重要原因就在于不能确定和控制转基因作物产业化中存在的风险及其可能造成的损失。

虽然许多生物学家持积极态度，认为转基因作物不比传统农作物具有更多的风险。但大多数生态学家都持反对意见，认为转基因作物存在着不可忽视的潜在的生态环境风险。特别是近年来发生的美国帝王蝶事件、加拿大超级杂草事件、墨西哥玉米种质污染事件、中国抗虫棉事件等，进一步引起全社会对转基因作物生态环境风险问题的深切关注。

不难看出，政府决策者在转基因作物产业化问题上面临着抉择难题。一方面希望通过推进转基因作物产业化在保障国家粮食安全和农产品有效供给的同时，抢占未来经济科技竞争制高点，获得国际竞争的先机。另一方面出于对转基因作物产业化后潜在风险问题的担忧，对其推广应用慎之又慎。特别是风险难以量化测度以及风险控制责任主体不明确问题的存在，致使转基因作物在推广应用上举步维艰，产业化发展进程十分缓慢。因此，如何量化测度转基因作物风险和构建风险管控机制，破解政府抉择难题，是当前亟待解决的问题。

1.2　国内外研究进展

1.2.1　国外研究进展

转基因作物的风险评估，不是对转基因作物影响的绝对性探讨，而是比较转基因与非转基因作物是否改变了风险程度（NRC，2002）。目前，种植转基因作物的国家一般都遵循"实质等同"原则，即应将转基因作物与传统作物进行比较。欧洲国家遵循"预防原则"，即只有当风险评估确定风险是可接受的，转基因作物才能释放到环境中。在转基因作物未被证明是安全的之前，均认为其是不安全的（Sanvido et al，2006）。

当论及转基因作物风险时，必须注意到，对于农户和消费者来说，并不是要在可能引发风险的转基因技术与另一种完全安全的技术这两者之间做出选择，真正的选择是转基因作物与传统害虫与杂草管理方式，这两者均有正负两方面的影响。为了确保政策的预见性，必须比较采用某项技术的风险与不采用某项技术的风险。因此，必须对转基因作物与传统农作方式的收益与风险进行比较（Sanvido et al，2006）。

关于转基因作物对生物多样性的潜在风险的争论，不同的利益相关者对科学数据的理解存在分歧。尽管有人认为目前仍缺乏足够的经验和科学知识，但目前的争论并不仅仅是由于科学数据的缺乏，更多的是由于对转基因作物的生态相关影响是什么的模糊界定。在现代农业体系中，关于转基因作物的环境影响的比较，由于缺少清晰的界定，研究结果往往受到挑战。因此，为了帮助监管部门决定是否将转基因作物的环境影响认定为具有相关性，有必要为转基因作物的环境影响评估制定科学准则（Sanvido et al，2006；2012）。

EPA（1998）、Nickson（2008）、Wolt et al（2010）构建了包括监管体制、风险评估和风险管理三个部分的转基因作物风险分析框架。其中，风险评估由问题描述和假设检验两部分组成。在问题描述阶段，遵循评估指标定义/有害影响定义—可检验的风险假设描述—度量指标定义/决定继续研究或停止检验的临界值设置—决定是否检验/分析计划描述的分析步骤，在假设检验阶段，遵循暴露评估检验/影响评估检验—风险表征—风险等级和余留的不确定性的分析步骤。在此基础上，Sanvido et al（2012）构建了一个由保护目标、评估指标和度量指标为横轴、生物多样性保护和生态系统服务功能为纵轴组成的矩阵，以解决风险评估中存在的生态危害标准界定不清晰的问题，如需要保护的对象（保护目标和评估指标的界定）、负面影响是什么、度量指标界定等。

Herman et al（2013）指出，在评估转基因作物的环境风险时，应综合考虑其风险和收益。针对环境风险影响程度，应采取不同的风险管理措施。对于仅限于单块农地上的保护目标（如保持土壤肥力和田间益虫的种群数量），提倡由农民自行解决环境风险和收益问题；对于超出农地界限的保护目标，以及涉及众多利益相关者的保护目标，政府监管是一种比较好的方式。在转基因作物环境风险评估中，虽然公众意见在决策时具有重要意义，但遵循政策相关性和科学规律有助于解决识别和处理风险过程中存在的争议。一方面，要识别风险和保护目标，如保护什么、影响发生的地点，这一过程是通过试验基础上的假设描述来完成的；另一方面，解决保护目标，包括田间影响、间接的田间影响和农业环境。

Nickson（2008）借鉴美国环保局（EPA）关于风险评估的问题界

定框架，构建了应用于转基因作物环境风险评估的问题界定框架。该框架主要包括三个部分：评估指标、概念模型和分析计划。其中，评估指标体系构建遵循环境价值实体和转基因作物潜在特质阐述—评估指标和评估指标的不利影响阐述—风险假设和科学假设的过程；概念模型的基本要素包括作物的自然属性、品质的自然属性、环境特征以及转基因作物与环境之间的相互影响；分析计划则包括产品特征和作物特征两个基本要素。在框架构建过程中必须遵循五个"一致性原则"和一个"熟悉原则"。五个"一致性原则"指出，转基因作物风险评估必须具备如下特征：①基于科学，亦即可获得定量信息，并考虑不确定性；②在专家判断过程中使用定性信息；③采用比较的方法；④适用于个案分析；⑤可循环使用，并能在获得新信息基础上检测已有的结论。OECD（1993）将熟悉性定义为通过以往经验获得的知识。熟悉性主要考虑四个方面的内容：被修饰作物的自然属性、引入基因的特征、转基因作物可能存在的环境以及转基因作物与环境之间的相互影响（OECD，1993；Nickson and McKee，2002）。

Hilbeck et al（2008，2011）提出了转基因作物非目标生物影响的选择程序方案，旨在识别和选择承受环境中的试验物种。该方案包括案例界定（作物生物学/新特性（预期效果）/承受环境）、物种选择（功能组、潜在物种、相关物种、试验物种）和方法选择（试验方法）三个部分。选择程序分为六个步骤：①选择暴露哪些功能组；②物种和功能排序；③暴露途径选择；④对于可再生的相关物种，预期试验结果如何；⑤不利影响方案研究；⑥不利影响方案阐述。其中，步骤①~③是生态学内容，步骤④属于操作层面。由于该方案缺乏可操作性的工具，Hibeck et al（2014）构建了排序矩阵，通过具体指导和选择矩阵，有助于对步骤①~④中的物种进行量化排序，从而明确转基因作物对不同非目标生物的影响程度。排序矩阵包括三个矩阵：对于某一功能组，矩阵Ⅰ是根据时空和摄食关系来确定物种的排序，矩阵Ⅱ是基于暴露最大可能性的非目标生物排序，矩阵Ⅲ是实验室检验和排序过程的可行性。

Francesco et al（2014）设计出用于转基因作物环境风险评估的软件工具 TÉRA。这一工具可以模仿转基因作物与承受环境之间的复杂关系，并能在个案基础上识别潜在的环境影响。基于模糊推理机制的

TÉRA，是根据客户/服务器范式设计的，并通过网络应用程序的方式得以实现。TÉRA 通过使用模糊逻辑，可以处理不完整、不精确的数据，并输出易于理解的风险等级。

Dana et al（2012）在对南非转基因作物进行生物多样性风险评估时，提出将不同的科学知识和从业知识进行综合，采用参与式环境风险评估框架来进行生态风险分析。参与式环境风险评估包括传统风险分析的前两个步骤，即问题阐述和风险评估。在问题阐述阶段，参与式环境风险评估要明确谁将参与分析、分析的范围和边界、被分析体系的组成要素以及可能导致危害的相互作用假设；在风险评估阶段，参与式环境风险评估须对相互作用的可能性和后果进行量化，以确定风险等级。较之于传统的环境风险评估框架，参与式环境风险评估框架的优势在于：结构化的复杂农业生态系统探测，多学科、多知识、多视角的协作，以及系统论方法。在个案分析中，参与式环境风险评估框架能更好地识别承受环境中的各个要素。由于涵盖了从业者的专业知识和视角，参与式环境风险评估能实现"正确的科学"（即评估能够处理相关的社会问题）和"科学正直"（即评估在分析精确、假设合理和不确定处理等方面必须符合科学标准）的统一。

Bohanec et al（2008）采用定性的多属性决策模型（MADM）对转基因作物进行经济—生态评估。MADM 是根据 DEX 方法得到的事前模型。在多属性决策模型中，种植制度具备四组特征：①作物子类；②区域和农场环境；③作物保护和作物管理策略；④预期的收获特征。种植制度的影响评估基于四组生态指标和两组经济指标：生物多样性、土壤生物多样性、水质、温室气体、可变成本和产值。根据这六组指标的综合得分，可评估转基因作物的经济—环境影响，从而判断是否商业化推广某种转基因作物。多属性决策模型具有三重作用：第一，借鉴不同学科，包括农学、生物学、生态学和经济学，模型中涉及的相关因素、因素间的关系以及对种植制度的影响等知识可统一编码，便于专家之间的交流和讨论；第二，模型具有可操作性，可用于种植制度的评估、比较和"什么—如果"分析；第三，运用该模型可生成种植制度的期望特征，有利于新的农作制度的发展。

欧洲生物植物生物技术单位的技术咨询小组（the Technical

Advisory Group of the EuropaBio Plant Biotechnology Unit) 采用类似于二歧分支的树形结构构建了转基因植物对非靶标生物风险的分层评价体系，通过对分支问题进行层层解答来获得最终的评价结果（Garcia-Alonso et al, 2006；Romeis et al, 2006）。

理想的风险评估包含风险因子认定、可能性分析、后果分析、风险评估及不确定性与显著性分析等。有学者对转基因作物风险发生可能性及后果进行归类，类别划分的依据包括基因距离（Ervin and Welsh, 2003）、基因作用（Hancok, 2003）、散布指标（Ammann, 1996）等。Koivisto & Hayes（2001）根据文献及经验构建风险因子清单，再采用逻辑树分析方法系统的找出涉及的因子。美国农业部制定的 2001 年度生物技术风险评估研究计划指出，转基因生物的风险评估需要判断风险存在与否、风险发生的概率、风险发生时的严重程度和影响范围、应用其他技术是否具有相似特征的影响等四个方面。澳大利亚是少数几个已建立转基因作物生态环境风险分析完整体系的国家，其所采用的转基因作物风险框架，将可能性及后果各分为四级，再由关联的 16 个组合情况设定可忽略、低、中和高四类风险等级（Hayes, 2004；OGTR/Australia, 2005）。

在风险控制过程中，针对转基因作物风险类型复杂多样的情况，一般先进行风险类型和等级划分，再制定适用的风险控制方法。Rogers（2001）将转基因作物风险分为高度、中等和低度三类，对于高度风险采用预防原则，对于中等和低度风险则可通过增加透明度、保险等方式进行风险控制。Isaac（2003）将转基因作物风险分为可认知的、假设的和推测的三类风险，并通过构建"科学—社会理性"模型，在分析科学理性和社会理性差异的基础上，提出对转基因作物风险应该采用不同导向的风险治理策略。Paarlberg（2000）等建立了鼓励式的、禁止式的、许可式的、预警式的四类转基因作物公共政策态度模型。

针对转基因作物不确定和未知的负面影响，根据私人企业、政府、公共监管部门和公共研究机构在转基因作物研发、风险评估、市场化决策和监管方面各自承担的责任，Kvakkestad et al（2011）提出了三种不同的风险治理机制。治理机制Ⅰ：私人企业负责转基因作物研发和风险评估，并根据评估结果决定是否进行商业化推广，商业化推广后的监管由私人企业或公共监管部门实施。治理机制Ⅱ：私人企业负责转基因作物研发，风险评估和商业化推广后的监管则由私人企业或公共监管部门实施，政府根据评估结果是否进行商业化推广。治理机制Ⅲ：公共研究机构负责转基因作物研发，风险评估和商业化推广后的监管由公共研究机构或公共监管部门实施，政府对是否进行商业化推广作出决策。相较于私人企业，公共研究机构与监管部门、政府的利益冲突更小，协同适应性更优，加之学术范式的沟通理性更强，因此，治理机制Ⅲ能更好地处理转基因作物潜在的风险。Kvakkestad et al（2011）还强调，为了更好地应对转基因作物风险，在决策过程中应关注民间团体的意愿和诉求。

1.2.2　国内研究进展

目前，我国对转基因作物的风险评价研究还处于起步阶段，相关研究成果较少。陈晓峰等（1997）提出要充分借鉴已有的生物学和生态学研究成果，利用生态及遗传学模型研究方法来评价转基因生物的安全性。钱迎倩等（1998）提出，转基因植物生态风险评价程序包括四个步骤：危险分析、发生事件的分析、影响分析和风险判断。危险分析包括对农田生态系统和自然生态系统的有害影响以及造成影响的过程分析；影响分析则是应用生态毒理学对基因和基因组、个体、种群、生态系统四个层次进行分析；风险判断则是根据发生事件的可能性和影响程度进行综合分析。王磊等（2010）利用决策树方法建立了转基因植物的环境生物安全评价诊断平台，对转基因植物的环境安全评价中涉及的转基因逃逸及其潜在生态风险、抗病虫转基因的非靶标生物效应、转基因植物的杂草性和害虫对抗虫基因产生抗性的风险等四个相对独立的方面分别进行评判，根据诊断结果判断是都需要在转基因植物大规模环境释放或商业化推广之前进行严格的实验评价。宋新元等（2011）将转基因植物环境安全评价程序分为三个步骤，即潜在风险分析、风险假设验证和风险特征描述；并采用逐层风险评价模式，即先根据个案收集相关信息与数据，然后进行可行性风险，最后进行风险评价。他还指出，转基因植物环境安全评价应贯穿研发和推广的全过程，因此，安全评价流程包括应用前预测、研发中筛选、推广前评价和推广后监测四个环节。李建平等（2013）利用现有的与农作物转基因技术安全性相关的科学数据和信息，在构建农作物转基因技术风险评价指标体系的基础上，运用层次分析法实现了对评价指标的权重排序，并采用多级模糊综合评价模型，对农作物转基因技术风险进行整体评价。

对转基因作物风险控制研究方面，国内研究主要集中于转基因作物风险控制的基本思路和方法研究上。李中东（2007）提出，对转基因技术的控制重点应从对技术后果的预测控制转移到技术设计与发展本身，促进利益相关者在技术动态成长过程中的持续参与，并将协商机制整合进技术控制中。在控制中过程，尤其要把握好控制主体的多元性、控制安全的相对性、控制过程的动态性和控制结果的试验性4个关键方面。肖显静等（2008）概括分析了鼓励式的、禁止式的、允许式的、预警式的国家农业转基因生物安全政策的特征，探讨了各种模式的政策合理性，并指出，某一主权国家在选择并制定农业转基因生物安全政策问题上的考量是非常复杂的，涉及技术、粮食安全、政治稳定、国际贸易等多方面的因素。肖唐华（2009）在对转基因作物环境风险特性研究的基础上，分析了科研人员的转基因作物风险控制行为、行政监管人员的监管行为以及检测中心的特点，明确了影响风险控制的关键因素。其中，科研人员作为转基因作物风险控制中最重要的社会因素，影响其风险控制行为的因素主要包括风险认知和控制能力、行为意向和同行影响、机会主义行为和信息不对称。雷毅等（2010）为了判断转基因技术及政策的合理性，运用以利益相关者为纵轴、评价原则为横轴的矩阵评价模式来厘清政府、科学界和公众等利益相关者的利益诉求及其相互制约或促进关系，从而为风险控制决策管理提供指导。廖慧敏（2010）运用网格化管理思想，根据转基因植物风险安全管理的需求，将转基因植物按照其自然分布区域划分网格，按网格所属的行政区域进行逐级管理；在网格划分体系和逐级管理模式的基础上，构建包括行政组织系统、信息资源系统、信息管理系统、网络设施保障系统、决策系统和实施系统的转基因植物安全网格化管理体系。洪进等（2011）首次提出了基于社会危害、技术成熟度和经济净收益的风险三维模型，并根据我国转基因技术的风险现状，采用"行动者网络理论"，将风险治理中涉及的众多主体分为政府行动者、经济行动者、技术行动者、社会行动者以及国际行动者五类，并明确其相互关系和在风险治理中承担的角色，以实现政府协调的网络化综合治理。与此类似，邬晓燕（2012）通过分析众多异质行动者（如转基因作物、科学家和技术人员、生物科技公司、支持和推广转基因作物商业化的国家和地区、国际和各国设立的转基因生物风险评估、风险管理机构和政策法规）的属性，通过利益嵌入和利益转译构建转基因作物商业化动态网络，并实行相应的风险治理。冯亮（2012）运用解释结构模型（ISM），在确定主要因素和因素关系的基础上，得出构建转基因生物风险监管体系的关键节点和建设步骤，提出了完善我国转基因生物社会安全管理体系的建议。乔方彬（2012）则从实证研究的角度分析了针对害虫对转基因毒素抗性的产生，我国是否应该采取专门避难所政策，结果表明，我国目前实行的零专门避难所政策是经济合理的。

1.2.3　研究综述

综观国内外研究现状，对转基因作物风险的研究，从研究角度来说，主要是从生物学角度出发分析转基因作物对自然生态环境可能造成的威胁，经济学分析和对风险来源的深入分析较少；对转基因作物风险的评价方面，主要停留在技术研究层面、定性分析和评价方法上，较少对风险等级进行定量性的研究；在转基因作物风险控制方面，引入了分类管理的思想，注重多学科视角进行研究，但缺乏系统的转基因作物风险控制路径和机制研究。

目前，关于转基因作物产业化的争论从未间断，其中转基因作物风险的不确定性是关于是否应该加快推进转基因作物产业化的争论之一，而风险难以量化测度以及风险控制责任主体不明确是导致不确定性的关键。近年来，对这些问题的讨论也一直是学术界、决策部门和社会大众关注的焦点，但对其研究尚处于摸索阶段。因此，研究转基因作物风险量化测度方法及其控制责任机制已经成为亟待解决的关键问题。

1.3　研究目标和研究问题

本研究在科学划分转基因作物风险类型的基础上，对转基因作物风险进行综合评价，着重对转基因作物生态风险进行风险源系统分析和风险等级测度，结合利益相关者理论和博弈论建立适合我国国情的转基因作物生态风险控制责任机制，同时借鉴国外转基因生物安全管理经验，提出具有针对性和可操作性的转基因作物风险管理的对策建议。

为了完成上述研究目标，重点研究以下问题：

（1）全球转基因作物的研发、商业化种植、贸易等现状如何？转基因作物产业呈现怎样的发展趋势？

（2）美国、欧盟等国家和地区如何对转基因作物进行安全管理？对中国有何借鉴？

（3）转基因作物有哪些潜在的风险？表现出什么样的特性？如何进行经济学分类？

（4）如何对转基因作物风险进行综合评价？综合评价结果如何？

（5）如何找出转基因作物生态风险控制的关键点？

（6）如何对转基因作物生态风险进行等级测度？测度结果如何？

（7）转基因作物风险控制过程中涉及哪些利益相关者？这些利益相关者具有什么特点？有什么样的利益诉求？利益博弈是如何进行的？

（8）如何构建转基因作物风险控制责任机制？

本书将通过一系列的实证研究，回答上面提出的所有问题。

1.4 本书的内容和结构

根据上述研究目标和研究问题，本书的内容和结构安排如下。

第 1 章作为本书的引言，重点论述本研究的背景、国内外研究进展、研究目标和研究问题，以及本书的结构安排。

第 2 章从研发、商业化种植和贸易三个方面系统梳理全球转基因作物产业发展现状，分析全球转基因作物产业发展趋势。

第 3 章系统归纳美国和欧盟转基因作物安全管理的基本原则、组织管理体系和法律法规体系，以及中国转基因作物安全管理的理念、政策法规、管理机构、管理制度等，深入剖析中国转基因作物安全管理存在的问题。

第 4 章系统总结转基因作物风险表现，分析转基因作物的技术特性、经济特性和风险特性，并借用产品属性分类方法，划分转基因作物风险类型，初步探讨不同类型转基因作物风险的控制机制。

第5章基于转基因作物风险表现，建立转基因作物风险评价指标体系，构建多级模糊综合评价模型，对转基因作物风险进行综合评价。

第6章运用因果分析法和事故树分析法，对抗虫转基因作物和耐除草剂转基因作物大规模种植后生态风险中的各个风险因素进行逐层深入的逻辑分析，系统分析影响风险因素产生的基本原因事件，研究导致风险发生的各基本原因事件组合关系及其重要程度，找出生态风险的关键控制点。

第7章基于改进的风险矩阵方法，以转Bt基因棉花为例，测算各类生态风险因素的风险量，确定风险等级，找出对生态环境威胁较大的风险因素，并判断转Bt基因棉花生态风险的综合风险水平。

第8章识别转基因作物风险控制过程中涉及的利益相关者，分析这些利益相关者的多元利益诉求，明确各自应承担的责任，揭示风险控制过程中的博弈行为与多重博弈关系。

第9章构建合理的调控和责任机制，平衡转基因作物风险控制中各方利益诉求，规范各方责任，实现风险控制的最优化，并提出完善我国转基因作物风险管理的建议。

第10章作为本书的结束篇，在对本书总结的基础上，简要介绍未来转基因的研究方向及相关内容。

第2章 全球转基因作物商业化发展态势

2.1 转基因作物产业发展现状

2.1.1 转基因作物研发概况

转基因作物的研发始于 20 世纪 80 年代，自 1983 年首例转基因作物——转基因烟草问世以来，转基因作物研究迅速发展。1986 年，全世界范围内有 5 例转基因植物首次获准进入田间试验。1992 年，中国首先进行了抗黄瓜花叶病毒转基因烟草的大田生产试验。1994 年，美国批准延熟保鲜转基因番茄进入市场，这是第一个进入市场的转基因产品。1996 年，转基因植物正式进入商品化生产阶段。此后，转基因作物研发取得了一系列突破性进展。以豆类、玉米、小麦、水稻、马铃薯、油菜、棉花、甜菜、苜蓿、亚麻、甜瓜、番木瓜、李子、南瓜、番茄等为代表的 35 个科 120 多种转基因作物研制都获得了成功。

中国是国际上农业生物工程应用最早的国家之一，转基因作物育种的整体发展水平在发展中国家处于领先地位，在转基因棉花、转基因水稻等研究领域已进入国际先进行列。在国家相关政策的大力扶持下，经过 30 多年的努力，我国在重要基因发掘、转基因新品种培育及产业化应用等方面都取得了重大成就，初步形成了从基础研究、应用研究到产品开发的较为完整的技术体系，取得了一系列重大突破和创新成果。截至目前，已获得营养品质、抗旱、耐盐碱、耐热、养分高效利用等重要性状基因 300 多个，筛选出具有自主知识产权和重要育种价值的功能基因 46 个。在转基因棉花研究方面，我国已培育出了 36 个转基因抗虫棉花品种，获得三系抗虫杂交棉优良种质材料 300 多份，育成 4 个通过国家审定的三系抗虫棉新品种。在转基因水稻研究方面，已建成包括水稻大型突变体库、全长 cDNA 文库、生物芯片及转录组检测等功能基因组研究平台，分离克隆了一批高产、优质、耐除草剂、抗虫、抗病、抗逆和营养高效等重要农艺性状的基因（储成才，2013），培育出转基因品系 200 多份（孙国庆等，2010）。目前，我国已有转基因抗虫棉、耐贮藏番茄、改变花色矮牵牛花、抗病毒甜椒、抗病番木瓜、抗虫水稻、植酸酶玉米等七类转基因作物获得安全证书，其他主要作物（小麦、大豆、油菜、马铃薯等作物）也相继进入生产试验阶段。

目前转基因作物研发中涉及的性状包括耐除草剂、抗虫、抗病毒、品质改良、延熟、耐贮存等。耐除草剂性状涉及的目的基因包括 5-烯醇式丙酮莽草酸-3-磷酸合酶（epsps）基因（耐草甘膦除草剂）、草甘膦乙酰转移酶基因（gat）、草甘膦氧化酶基因（gox）、乙酰乳酸合酶基因（als）、草铵磷乙酰转移酶基因（pat、bar）（耐草铵膦除草剂）、腈水解酶基因（bxn）（耐苯腈类除草剂）、乙酰羟基酸合成酶基因（csr1-2）、麦草畏 O-脱甲基酶基因（耐麦草畏除草剂）、S4-HrA 基因（耐磺酰脲类除草剂）、Barnase 基因（耐草铵膦除草剂）、barstar 基因（耐草铵膦除草剂）、gus 基因（耐草甘膦除草剂）；抗虫性状涉及的目的基因包括 Bt 杀虫蛋白基因、cpTI 基因；抗病毒性状涉及的目的基因包括 Y 病毒外壳蛋白（CP）基因、马铃薯卷叶病毒（PLRV）基因、TMV CP 和 CMV CP 基因、PRSV CP 基因；品质改良性状涉及的目的基因包括 Δ2-油酸去饱和酶基因（fad2/Gmfad2-1）、fatB 基因（高油酸）、cordapA 基因（高赖氨酸）、转植酸酶基因（phyA2）、te 基因（高月桂酸、高豆蔻酸）、gbss 基因（降低直链淀粉含量）、喹啉酸磷酸核糖转移酶（NtQPTase）基因（低烟碱）等；延熟性状涉及的目的基因主要是乙烯合成酶（ACC）反义基因；耐贮存涉及的目的基因主要是多聚半乳糖醛酸酶（PG）反义基因。

2.1.2 转基因作物商业化种植现状

2.1.2.1 全球转基因作物商业化种植现状

转基因作物作为现代农业史上生物技术应用最为集中的领域，自 1994 年美国首先批准转基因延熟保鲜番茄商业化种植以来，产业化进程不断加快。2016 年，全球 26 个国家的 1 800 万个农民种植了 1.851 亿公顷的转基因作物。1996—2016 年，转基因作物累计种植面积达到 21 亿公顷。

（1）转基因作物种植面积不断增加，增长速度逐渐放缓

1996 年全球转基因作物种植面积仅 170 万公顷，2016 年全球转基因作物种植面积达到 1.851 亿公顷，约占全球所有农地面积（约 15 亿公顷）的 12%，超过我国的耕地面积（图 2-1）。转基因作物商业化种植 21 年以来，转基因作物种植面积增长了 110 倍，年均增长率达到 26.43%，累计种植面积达到 21 亿公顷。但转基因作物种植面积增长速度整体呈不断下降趋势。2007 年以前，转基因作物种植面积均以两位数的速度增长，在商业化种植之初的前三年，增长速度甚至超过 100%。2007 年以后，除了 2010 年增长速度达到 10.45% 外，转基因作物种植面积增长速度均低于 10%。

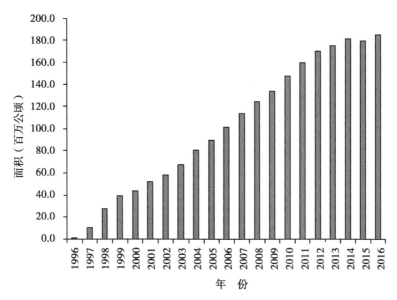

图 2-1 全球转基因作物种植面积

数据来源：ISAAA

（2）转基因作物种植国家不断增多，分布相对集中

自1994年美国首先批准转基因作物商业化种植后，其他国家也纷纷加入商业化种植转基因作物的行列。1996年全球种植转基因作物的国家仅6个，2000年达到13个，2005年达到21个，2010年达到29个，2016年全球有26个国家商业化种植了转基因作物。其中，转基因作物种植面积超过100万公顷的国家有11个，超过1 000万公顷的国家有5个，分别为：美国（7 290万公顷）、巴西（4 910万公顷）、阿根廷（2 380万公顷）、加拿大（1 160万公顷）、印度（1 080万公顷）、巴拉圭（360万公顷）、巴基斯坦（290万公顷）、中国（280万公顷）、南非（270万公顷）、乌拉圭（130万公顷）、玻利维亚（120万公顷）。排名前11位的国家转基因作物种植面积达到1.827亿公顷，约占全球转基因作物种植面积的99%；排名前5位的国家转基因作物种植面积达到1.682亿公顷，约占全球转基因作物种植面积的91%。

从转基因作物的洲际分布情况来看，除南极洲外，各大洲均有转基因作物分布，其中，美洲大陆种植面积占全球转基因作物种植面积的85%以上，是转基因作物的主要分布区域。2016年，北美洲转基因作物种植面积8 460万公顷，占全球转基因作物种植面积的46%；南美洲转基因作物种植面积7 910万公顷，占全球转基因作物种植面积的43%；而欧洲和大洋洲的种植面积之和不足1%（图2-2）。

（3）转基因大豆、玉米、棉花和油菜是主要转基因作物

目前，全球商业化种植的转基因作物以转基因大豆、玉米、棉花和油菜为主，其种植面积之和占全球转基因作物种植面积的比例接近100%。自商业化种植以来，四种主要转基因作物的种植面积不断增加，种植率不断提高。其中，转基因大豆是种植面积最广、份额最大、种植率最高的转基因作物。2001年以后，转基因大豆种植面积占全球转基因作物种植面积的比例有所下降，但相较于其他转基因作物，其份额仍然是最大的。2016年，转基因大豆种植面积几乎相当于转基因玉米、棉花和油菜三种作物的种植面积之和。近年来，转基因玉米的份额不断提高，约占全球转基因作物种植面积的三成。2016年，转基因大豆、玉米、棉花和油菜的种植面积约为1.835亿公顷，占全球转基因作物种植面积的99%。其中，转基因大豆、玉米、棉花和油菜的种植面积分别

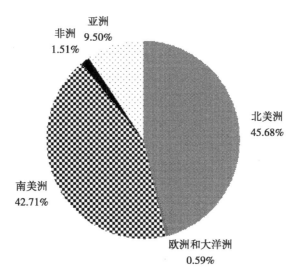

图 2-2　转基因作物的洲际分布情况

数据来源：ISAAA

为 9 140 万公顷、6 105 万公顷、2 240 万公顷、864 万公顷，分别占全球转基因作物种植面积的 49.38%、32.98%、12.10%、4.67%，其种植率分别为 78%、26%、64%、24%。1996—2016 年，转基因大豆、玉米、棉花和油菜种植面积的年均增长率均超过 15%，分别达到 29.75%、30.45%、18.13%、24.98%（图 2-3、图 2-4）。

（4）耐除草剂和抗虫是全球商业化种植转基因作物的主要性状

虽然目前转基因作物研究中涉及的性状包括耐除草剂、抗虫、抗病毒、品质改良、延熟、耐贮存等，但大规模商业化种植的转基因作物的性状仍以耐除草剂、抗虫单一性状和复合性状为主。其中，耐除草剂性状是最主要的目标性状，虽然耐除草剂转基因作物种植面积占全球转基因作物种植面积的比例呈下降趋势，但其占比仍然在 40% 以上。复合性状是发展最快的目标性状，复合性状转基因作物种植面积快速增加，年均增长率达到 39.3%，2007 年超过抗虫转基因作物种植面积，成为第二大性状转基因作物，2011 年以后，复合性状转基因作物种植面积占到全球转基因作物种植面积的四分之一。2016 年，耐除草剂、抗虫和复合性状转基因作物种植面积分别为 8 650 万公顷、2 310 万公顷、7 540

万公顷，占全球转基因作物种植面积的比例分别为 46.73%、12.48%、40.73%（图 2-5、图 2-6）。

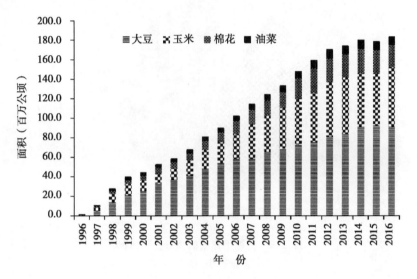

图 2-3　全球主要转基因作物种植面积

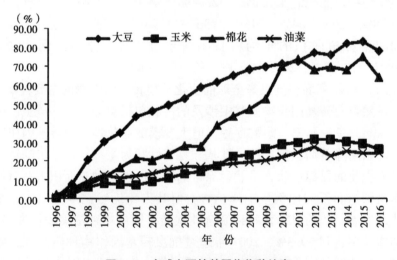

图 2-4　全球主要转基因作物种植率

数据来源：www.isaaa.org；www.fao.org；www.usda.gov

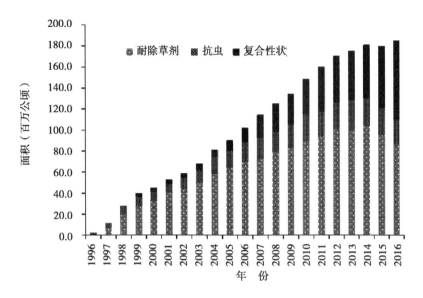

图 2-5　全球不同性状转基因作物种植面积

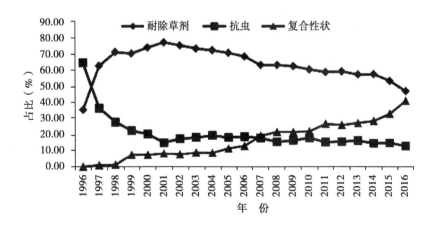

图 2-6　不同性状转基因作物种植面积占全球转基因作物种植面积的比例

数据来源：www.isaaa.org

2.1.2.2　中国转基因作物商业化种植现状

目前，我国已批准转基因抗虫棉、抗病毒番木瓜、番茄、甜椒、耐贮存番茄、变色矮牵牛、抗虫杨树共七种作物的商业化种植，但大规模商业化种植的转基因作物仅转基因抗虫棉和抗病毒番木瓜两种。

自1997年开始商业化种植转基因作物以来，我国转基因作物种植面积整体呈不断增加趋势，居世界前列。2016年，我国转基因作物种植面积280万公顷，居世界第八位，累计种植面积超过5 740万公顷。2004年以前，我国转基因作物种植面积快速增加，年均增长率达到50.60%，2004年以后，我国转基因作物种植面积波动较大，年均增长率-1.21%。整体来看，我国转基因作物种植面积增长速度低于全球转基因作物种植面积增长速度，其年均增长率为13.21%，比全球转基因作物种植面积年均增长率低13个百分点（图2-7）。

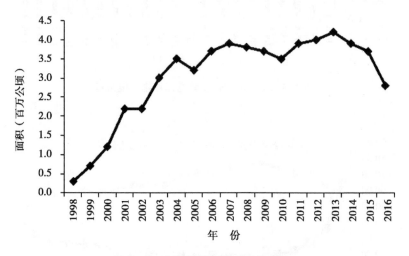

图2-7　中国转基因作物种植面积

数据来源：www.isaaa.org

转基因抗虫棉是我国第一个获准商业化种植的转基因作物，也是种植面积最大的转基因作物。1997年我国转基因抗虫棉种植面积仅3.4万公顷，2013年增加到420万公顷，种植面积增长近123倍，但近三年，转基因抗虫棉种植面积急剧减少，2016年仅280万公顷。同时，我国转基因抗虫棉的种植率不断提高。早在2002年，我国转基因抗虫棉种植面积占全国棉花种植面积的比例就已达到52.58%。除2010年、2014年、2016年同比下降外，我国转基因抗虫棉的种植率呈不断增长态势。2015 年转基因抗虫棉种植率达到 97.46%，但 2016 年种植率下降明显，仅 82.94%，比 2015 年下降了近 15 个百分点（图 2-8）。

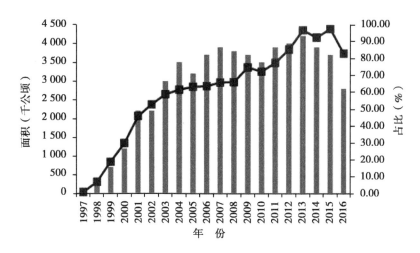

图 2-8 中国转基因抗虫棉花种植面积及占棉花种植面积的比例

数据来源：黄季焜等，2010；www.isaaa.org

从转基因抗虫棉的品种分布来看，2002 年以前，我国种植的转基因抗虫棉以国外品种为主，占到抗虫棉种植面积的 60% 以上；2003 年国产转基因抗虫棉品种种植面积首次超过国外品种，达到 52%，此后，国产转基因抗虫棉的种植比例不断提高。2009 年以来，国产转基因抗虫棉的市场占有率一直维持在 95% 的水平（图 2-9）。

从转基因抗虫棉的区域分布来看，黄河流域棉区最早开始种植转基因抗虫棉，早在国家批准商业化种植转基因抗虫棉的 1997 年（当年年底批准），其种植面积就达到 3.4 万公顷；到 2000 年，转基因抗虫棉种植面积占该区域棉花种植面积的比例超过 60%；2008 年，这一比例达到 97%。长江流域棉区自 1998 年开始种植转基因抗虫棉，种植面积占该区域棉花种植面积的比例由最初的不足 1% 快速增长到 2001 年的21.47%，2005 年达到 50%，2008 年超过 80%。新疆棉区的转基因抗虫棉发展较慢，自 2000 年开始种植转基因抗虫棉以来，其种植比例一直较低，这可能与新疆棉区棉铃虫危害较轻有关。

虽然黄河流域棉区转基因抗虫棉种植面积占该区域棉花种植面积的

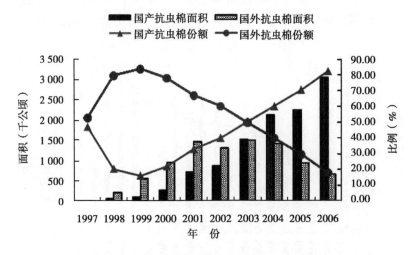

图 2-9 国产转基因抗虫棉和国外转基因抗虫棉种植面积和份额

数据来源:《中国统计年鉴》和调查数据

比例不断上升,但占全国转基因抗虫棉种植面积的份额不断下降,由最初的 100%下降到 2008 年的 62.33%。长江流域棉区转基因抗虫棉种植面积占全国转基因抗虫棉种植面积的份额稳步上升,2008 年已达到 31.79%。新疆棉区转基因抗虫棉种植面积有限,占全国转基因抗虫棉种植面积的份额一直低于 10%(图 2-10)。

2.1.3 转基因作物贸易情况

随着全球转基因作物商业化种植的快速发展,转基因作物国际贸易日益频繁。据国际农业生物技术应用服务组织(ISAAA)的统计,从 1996 年至今,全球共有 67 个国家和地区批准转基因作物用于食物、饲料和环境释放,涉及作物 26 种、转化事件 392 个,其中,批准转基因大豆、玉米、棉花、油菜和马铃薯的国家和地区分别有 28 个、29 个、22 个、14 个、11 个,涉及的转化体分别有 35 个、218 个、58 个、38 个和 47 个(ISAAA,2016)。

目前,经国家农业转基因生物安全委员会评审,我国于 2004 年批准了转基因大豆、棉花和油菜的进口安全证书,2013 年批准了转基因

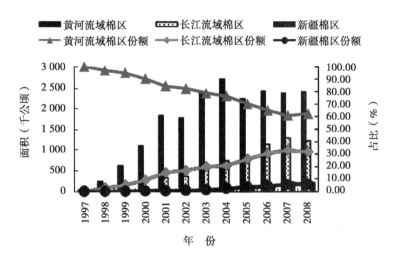

图 2-10 中国转基因抗虫棉的区域分布

数据来源：黄季焜等．转基因生物技术的经济影响．北京：科学出版社，2010

玉米的进口安全证书。我国进口的大豆、玉米、油菜和棉花及相关初级产品主要来自美国、加拿大、巴西、阿根廷、印度等国，而这几个国家也是转基因作物产业化发展最快的国家，随着大豆、玉米、油菜和棉花及相关初级产品的进口量持续增长，我国转基因作物进口量也不断增加。

2004—2016 年，我国大豆进口量持续增加。2004 年我国大豆进口量 2 023 万吨，到 2016 年进口量增加至 8 391.3 万吨，是同期国内大豆产量的 6.5 倍。与此相应，中国大豆进口量占全球大豆进口量的比重也一路飙升，2008 年我国大豆进口量已占据全球大豆进口总量的半壁江山，成为全球最大的大豆进口国。2012 年以来，这一比重维持在 62%~65%，约占全球大豆进口市场的 2/3。

我国进口大豆的来源高度集中，美国、巴西、阿根廷一直是我国大豆进口的主要市场，大豆进口量之和占总进口量的 95% 左右。分别按照目前美国、巴西、阿根廷转基因大豆种植率 93%、100%、92% 计算，我国大豆进口量中转基因大豆的比重保守估计在 85% 以上。按照目前中国大豆进口量占全球大豆进口量的份额推算，中国转基因大豆进口量约占全球转基因大豆进口量的 50%，是全球最大的转基因大豆进口国（图 2-11）。

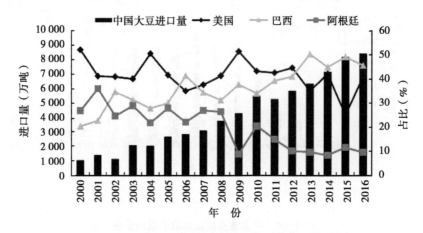

图 2-11　中国大豆进口量及分国别进口份额情况

数据来源：国家统计局、商务部对外贸易司、FAO、USDA 等网站

　　2004 年以来，我国棉花进口呈周期性波动。2004—2006 年，棉花进口量由 191 万吨猛增至 364 万吨。2006 年以后，受国际金融危机影响，棉花贸易低迷，我国棉花进口迅速下降，2009 年降至 153 万吨，2010 年又恢复至 284 万吨，2011—2012 年成继续增长趋势，增至历史最高点 513 万吨。受国内外价差驱动，配合进口配额和停发棉花滑准税配额，棉花进口量自 2013 年开始下滑，近两年进口量持续低位，2015 年、2016 年棉花进口量分别仅为 147.49 万吨、89.83 万吨。

　　我国棉花进口地集中度较高，美国和印度是我国最重要的棉花进口来源国。2004—2016 年，我国从美国和印度进口的棉花占棉花进口总量的比例约为 60%。根据 ISAAA 的统计，美国和印度转基因棉花的种植率约为 80%~90%，由此推算，我国棉花进口中转基因棉花的比重保守估计约为 50%（图 2-12）。

　　我国菜籽油进口量较小，2004—2016 年，我国共进口菜籽油825.26 万吨。加拿大是我国最重要的菜籽油进口国。2004—2011 年，我国从加拿大进口的菜籽油占菜籽油进口总量的比重一直维持 90% 以上。2012—2016 年，这一比重有所下降，平均为 72.45%。加拿大是全

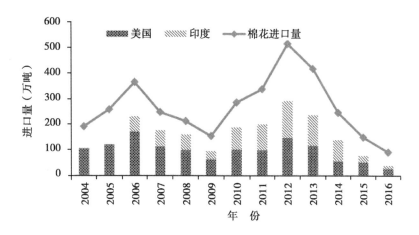

图 2-12　中国棉花进口量及分国别进口情况

数据来源：国家统计局和商务部对外贸易司网站

球最大的转基因油菜种植国，其转基因油菜种植面积占到全球转基因油菜种植面积的 90% 以上。自商业化种植以来，加拿大转基因油菜种植率不断提高，2004 年以后超过 80%。据此推算，2004—2016 年，我国菜籽油进口中转基因菜籽油的比重保守估计约为 65%（图 2-13）。

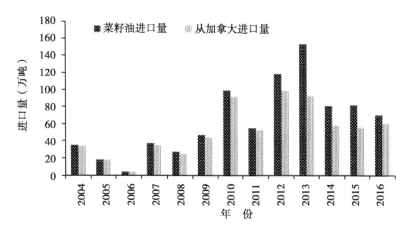

图 2-13　我国菜籽油进口情况

数据来源：商务部对外贸易司网站

2010 年以来，我国玉米进口量呈爆发式增长趋势，由 2009 年的 8 万吨急剧增加至 2012 年的 519.50 万吨。2013—2016 年，玉米进口量虽有所减少，但仍持续高位。2010—2013 年，美国是我国最重要的玉米进口市场，其所占份额超过 90%。2014—2016 年，美国玉米进口份额持续大幅度下降，由 40% 降至 7%。美国是全球最大的转基因玉米种植国，转基因玉米种植率约为 90%。据此推算，2010—2016 年，我国转基因玉米进口量约 1 150万吨，约占玉米进口总量的 53%（图 2-14）。

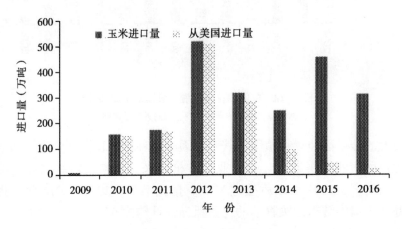

图 2-14 我国玉米进口情况
数据来源：商务部对外贸易司网站

2.2 转基因作物产业发展趋势

2.2.1 转基因作物研究向更深、更广领域发展

转基因作物根据基因特性可分为三代。目前转基因作物"输入特性"的研发日趋成熟，耐除草剂、抗虫、抗病毒、抗逆等第一代转基因作物均已实现商业化种植。第一代转基因作物能够降低耕种成本、增加作物产量并减少化学农药的使用量，给广大种植农户带了可观的社会经济效益。为了满足消费者的多样化需求，使消费者直接受益，未来转基因作物研发将集中在"输出特性"方面，以不断提高作物产品的品

质，如改善食品味道、增加食物营养、减少食物中的反式脂肪酸、提高油料作物的含油量等，并适时加快推进第二代转基因作物的商业化应用。此外，随着转基因技术的应用日益深入，具有"增值特性"的第三代转基因作物将成为研究重点。第三代转基因作物旨在使作物产生特殊的化学物质，以产生作物传统功能以外的特定功能，如药用、生物燃料、生物降级等。

2.2.2　转基因作物种植面积持续增加

联合国环境规划署等机构发布的一项研究报告预测，世界人口在未来数十年持续增长，到 2050 年将达到 96 亿人。另据联合国粮农组织《2050 年如何养活世界》报告预测，2050 年世界人均能量消耗将达到 3 050 卡路里，粮食需求将比现在多出 70%。届时要实现世界粮食安全，未来几十年世界粮食总产量需要提高 40%。当今世界，工业化、城镇化进程不断加快，耕地、水等资源约束日趋明显，确保世界粮食安全压力巨大。转基因作物因其在增加产量、节约耕地和水资源、缓减环境影响等方面表现出的发展潜力，采用率将会稳步提高，种植面积持续增加。有专家预计，到 2020 年，全球整个耕地面积的 80% 都将种植转基因作物。

2.2.3　复合性状转基因作物快速发展

复合性状转基因作物含有两种及两种以上的不同目标性状，能够满足农户和消费者的多样化需求，是未来转基因作物发展的主流方向。从转基因作物事件的批准情况来看，2013 年全球共有 55 个具有复合性状的转基因作物品种获得批准，使得全球范围内获得批准的复合性状转基因作物品种达到 75 个，相较于单一性状转基因作物品种的 20 个、55 个，复合性状转基因作物发展迅速。目前，约有 120 个转基因育种复合转化体批转商业化应用，复合的性状以抗虫除草剂、多基因抗虫复合为主，涉及的作物包括棉花、玉米、大豆、油菜等。从转基因作物的商业化种植来看，复合性状转基因作物种植面积快速增加，从 1996 年的不足 10 万公顷增加到 2016 年的 7 540 万公顷，年均增长率达到 40%，比全球转基因作物种植面积年均增长率高出 14 个百分点。

2.2.4 发展中国家成为转基因作物增长引擎

虽然发展中国家转基因作物种植面积在转基因作物商业化种植之初远少于发达国家，但增长迅速。1996 年发展中国家转基因作物种植面积仅 10 万公顷，仅占全球转基因作物种植面积的 6%，2003 年种植面积和占比分别达到 2 040 万公顷、30%，2011 年发展中国家转基因作物种植面积基本与发达国家持平，2012 年发展中国家转基因作物种植面积首次超过发达国家 690 万公顷。2016 年全球种植转基因作物的 26 个国家中，19 个为发展中国家，其转基因作物种植面积达到 9 960 万公顷，占全球转基因作物种植面积的 54%，比发达国家多 1 410 万公顷。1996—2016 年，发展中国家转基因作物种植面积年均增长率达到41.23%，发达国家仅 22.01%。无论以种植面积还是以增长速度来衡量，2012—2016 年，发展中国家均高于发达国家。由于发展中国家粮食安全问题形势严峻，对转基因作物的种植意愿远强于发达国家，发展中国家将带动全球转基因作物继续保持快速增长趋势（图 2-15）。

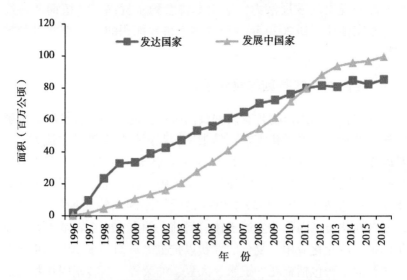

图 2-15 发达国家和发展中国家转基因作物种植情况

数据来源：ISAAA，2016

2.2.5　转基因作物市场价值不断增大

自商业化种植转基因作物以来，其市场价值不断增大。1996 年全球转基因作物市场价值近 1.2 亿美元，2009 年突破百亿大关，达到 105 亿元，2016 年全球转基因作物市场价值高达 158 亿美元。转基因作物商业化种植 21 年以来，市场价值增长了 130 倍，年均增长率达到 28%。此外，转基因作物市场价值占全球商业种子市场价值的比例整体呈上升趋势。2006 年转基因作物市场价值占全球商业种子市场价值的 20.5%，2012 年高达 53.53%。2016 年转基因作物市场价值占全球商业种子市场价值的比例相较于 2012 年有所下降，但仍达到 35.11%。随着转基因作物产业化发展进入战略机遇期，全球转基因作物市场价值将继续加大（图 2-16）。

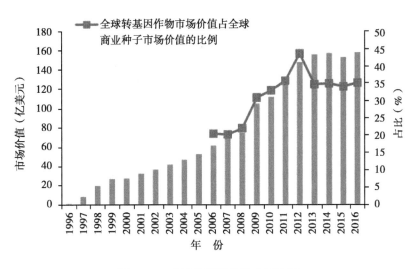

图 2-16　全球转基因作物市场价值

数据来源：ISAAA

第3章　国内外转基因作物安全管理

3.1　国外转基因作物安全管理现状

3.1.1　美国

美国对转基因生物的安全管理基于《生物技术管理协调框架》，该框架明确了转基因生物安全管理的基本原则、组织管理体系和法律法规体系。

3.1.1.1　基本原则

美国对转基因生物安全管理对象是产品本身或产品的预期用处，而不考虑产品的生产过程，是一种基于产品的管理模式，而非基于过程的管理模式。

（1）实质等同原则

只要转基因生物与非转基因生物在遗传表现特性、组织成分等方面没有实质性差异，则可认为二者是同等安全的。根据《生物技术管理协调框架》，转基因生物与非转基因生物没有本质区别，现有的法律法规框架可以对转基因生物进行有效管理。

（2）个案分析原则

对于某种转基因生物的安全评价不适用于其他转基因生物，也就是说，即使某种转基因生物通过了安全评价，并不代表其他转基因生物也是安全的。

（3）可靠科学原则

对转基因生物安全性的怀疑，必须有可靠的科学证据表明确实存在导致损害的风险时，相关部门才会采取特殊的监管措施，即只有基于可验证的科学风险的监管措施才是可接受的。

3.1.1.2　组织管理体系

美国根据《生物技术管理协调框架》，成立了生物技术科学协调委员会（BSCC），农业部（USDA）、环保局（EPA）和食品药品管理局（FDA）三个机构负责具体管理工作，以美国农业部为主。其中，涉及转基因作物生态风险管理的机构主要是农业部（USDA）和环保局（EPA）（图 3-1）。

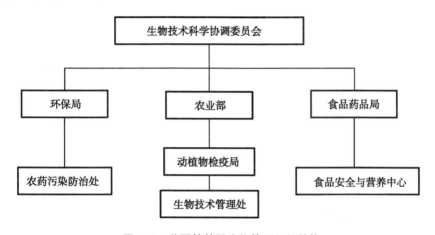

图 3-1　美国转基因生物管理组织结构

（1）农业部（USDA）

农业部（USDA）的主要职责是确保转基因作物的安全种植，并评价转基因作物变成有害植物的可能性以及对农业和环境的安全性等，涵盖转基因作物田间试验、商业化生产、进口、运输等过程。其中，涉及转基因生物安全管理的机构主要有三个：动植物检疫局（APHIS）、食品安全检查局（FSIS）和兽医生物制品中心（CVB），以动植物检疫局（APHIS）为主。动植物检疫局下设生物技术管理处（BRS），主要负责防止转基因作物的潜在危害，保护生态环境和农业。动植物检疫局（APHIS）根据转基因作物风险等级，分别采取通知、许可、解除管制等审批程序。

此外，美国农业部还成立了农业生物技术委员会（CBA），利用现有资源（其他联邦机构、大学、政府部门、其他公共部门）获得必要的数据和科学资源，提供与转基因作物有关监管政策的建议，审查农业部内部相关科学问题，培养公众对生物技术中相关科学问题的意识。

（2）环保局（EPA）

环保局（EPA）的主要职责是确保转基因作物中农药的使用对环境和人类的安全，下设农药污染防治处，负责转基因作物和微生物的安全评价和管理。与美国农业部不同，美国环保局的管理对象不是转基因作物本身，而是遗传材料和表达蛋白。此外，环保局（EPA）还管理抗虫转基因作物的昆虫抗性、除草剂抗性等问题。

环保局（EPA）设立了生物技术科学顾问委员会，主要进行风险问题、风险暴露、生态风险以及对人类及其他非靶标生物的风险等的检测。委员会由不同专业背景的专家和公众组成。为避免违背公众利益和商业秘密等敏感问题，对专家的独立性有严格的要求。

环保局（EPA）还建立了公众参与制度，向公众公布转基因作物产前通告、生物技术科学顾问委员会的会议记录等信息。

（3）食品药品管理局（FDA）

食品药品管理局（FDA）主要负责对转基因食品、食品添加剂和饲料的安全评价和管理，确保转基因食品对人类健康的安全。此外，食品药品管理局（FDA）还负责转基因食品的标识管理。目前，美国对转基因产品的标识管理实行自愿标识制度。

此外，美国食品药品管理局成立了生物技术评估小组，负责转基因产品"咨询"。

3.1.1.3　法律法规体系

根据《生物技术管理协调框架》，农业部（USDA）、环保局（EPA）和食品药品管理局（FDA）对转基因生物进行管理均有各自的法律法规依据，具体情况见表3-1。

在现行的法律法规框架下，转基因生物从研究到上市一般要经过9个管理环节，如图3-2所示。

3.1.1.4　特点分析

梳理美国转基因生物安全管理实践，不难看出，美国转基因生物安

表 3-1　美国转基因生物管理相关法律法规及管理部门

管理部门	法律法规
农业部 （USDA）	《联邦植物病虫害法》
	《植物检疫法》
	《病毒、血清、毒素法》
	《植物保护法》
	《属于植物有害生物或有理由认为植物有害生物的转基因生物和产品的引入》 （7CFR340 法规）
	《通知管理程序》
	《简化要求与程序》
	《转基因药用与工业用植物田间试验管理公告草案》
环保局 （EPA）	《联邦食品、药品和化妆品法》
	《联邦杀虫剂、杀菌剂、灭鼠剂法》
	《有毒物质控制法》
	《农药登记和分级程序》
	《转基因植物生产农药的管理》
	《植物内置式农药管理》
	《农药登记的数据要求》
	《试验使用许可》
食品药品 管理局 （FDA）	《联邦食品、药品和化妆品法》
	《公共卫生法》
	《源于转基因植物并用于人类和动物的药品、生物制剂、医药设备的管理指南》
	《植物新品种衍生食品的政策说明》
	《FDA 咨询程序》
	《转基因食品自愿标识指导性文件》
	《外源非杀虫蛋白早期咨询程序指导文件》
	《转基因食品上市前通告管理办法草案》

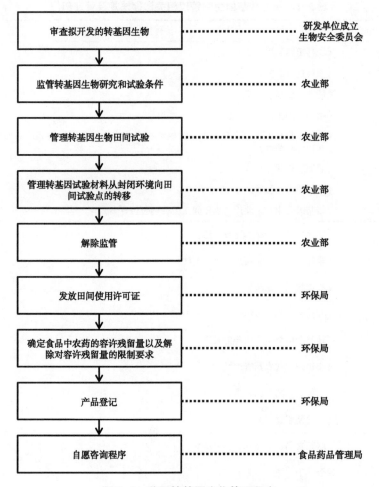

图 3-2　美国转基因生物管理程序

全管理是一种宽松型、许可式的管理模式。在具体管理中，具有如下特点。

（1）没有单独设立专门的管理机构，将具体管理工作归属于现有的机构。不同管理机构之间既相互分工，又相互合作，协调工作量大。

（2）没有专门针对转基因生物管理的法律法规，只是在现有法律法规基础上增加了转基因生物管理的相关内容。

（3）强调公众参与和信息交流。在转基因生物风险评估与管理中，强调研发者、生产者和公众参与的重要性，支持和鼓励研发者、生产者、独立的专家、消费者、媒体及非政府组织对相关管理活动的质疑与监督。

3.1.2   欧盟

3.1.2.1   基本原则

欧盟对转基因生物的安全管理是基于"生产过程"的管理，即只要生产和加工方法不同，即使最终产品类似或相同，也不能将转基因产品等同于传统产品或非转基因产品，而需要区别对待。

在转基因生物安全管理中，欧盟始终坚持"预防原则"。所谓"预防原则"，是指当存在严重的损害威胁或可能发生的损害后果具有不可逆转的性质时，不能以缺少充分的科学依据为由推迟采取相关的预防措施（边永民，2007）。根据该原则，虽然现在还缺少转基因生物对生态环境或人类健康有潜在威胁的科学证据，政府不能等到最坏的结果发生后才采取行动，而应提前采取合理的预防性措施。

3.1.2.2   法律法规体系

目前，欧盟转基因生物及产品管理基本法律法规框架由 8 部针对转基因生物及产品的专门性法规和 2 部关于食品安全的综合性法规构成。此外，还包括在此基础上后续补充的一系列法规、指令和决定，如图3-3所示。

从内容上来看，欧盟转基因安全管理主要包括以下几个方面：一是针对欧盟境内转基因生物向环境有意释放的管理，法规依据有 EC18/2001、EC 1946/2003、EC 2010/C200/01、EC 65/2004；二是针对含有转基因成分的食品和饲料的管理，法规依据有 EC 1829/2003、EC1830/2003、EC 641/2004、EC 1981/2006、EC 787/2004、EC 619/2011、EC 178/2002、EC 882/2004；三是针对转基因微生物的管理，法规依据有EEC 90/219。

3.1.2.3   组织管理体系

（1）管理机构

欧盟转基因生物及产品的管理机构包括两个层面，一是欧盟统一的

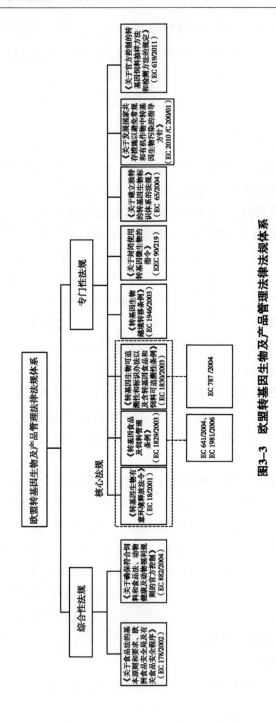

图3-3 欧盟转基因生物及产品管理法律法规体系

管理机构，二是各成员国的主管当局（陈旸，2013；韩永明等，2013）。

在欧盟层面，主要是欧盟食品安全局（European Food Safety Athority，EFSA）和欧盟委员会（European Commission，EC）。其中，欧盟食品安全局主要职责是对转基因食品与饲料的安全性（环境安全性和食用安全性）进行独立的、科学客观的风险评估；欧盟委员会主要负责转基因生物的审批，拥有草拟决议的权利，并负责协调各成员国和各部门意见。欧盟食品安全局设立了由不同领域的永久性科学小组构成的科学委员会，负责在广泛听取公众意见的基础上，提出转基因安全管理科学建议。

在各成员国层面，主要是各国卫生部或农业部所属的国家食品安全相关机构，其主要职责是执行欧盟的相关法规，并根据本国国情特点开展转基因生物安全管理。2010 年以后，欧盟扩大了各成员国在转基因生物及产品管理中的权限，提高了各成员国监管的灵活性。尤其是 2014 年年底，欧盟委员会发布了一份声明，无须依据欧盟风险评估结论，成员国拥有在境内限制或禁止转基因作物种植的最终决定权。

（2）管理机制

①审批制度。审批制度主要是针对欧盟境内转基因作物向环境的有意释放（试验性释放、商业化种植）、转基因产品的市场投放和转基因产品的进口准入以及相关许可的延期申请。审批制度依据"监管委员会程序"执行，其中，监管委员会主要是欧盟委员会和欧盟理事会（图 3-4）。

在审批过程中，如果欧盟食品安全局在安全评估中需要额外的资料，可以申请延期；如果欧盟理事会在 3 个月内没有进行表决，则欧盟委员会的决定草案将自动变为正式决定而生效。

②标识制度。欧盟对转基因产品实行强制性标识制度，以便在出现突发事件时能迅速找到事故源头，同时也保障了公众的知情权和选择权。条例（EC）No. 1829/2003 对转基因食品和饲料标识适用情况作了详细规定，指出由转基因构成的产品、包含转基因物质的产品、源自转基因的产品都需要进行标识，其标识阈值为 0.9%，也就是说，凡是转基因成分含量超过 0.9% 的产品都必须加贴标识。

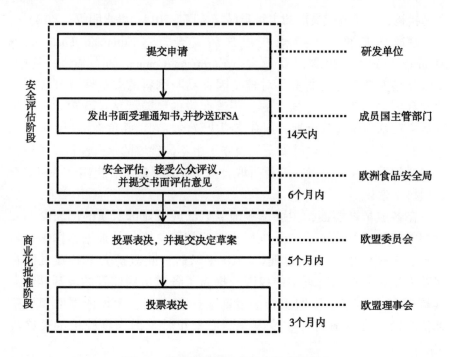

图3-4 欧盟转基因生物及产品审批程序

③可追溯制度。根据法规（EC）No.1830/2003，欧盟境内投放市场的转基因生物及产品在生产、加工和销售的每一个阶段应建立可追溯系统，关于转基因生物及产品的来源和取向等相关资料和信息须保留五年以上，并在合适的地点以专门性的方式向公众公开，确保转基因生物及产品一旦被证明对公众健康或环境造成危害时，能够迅速从市场中撤回，实现对风险最大程度的控制。

④共生管理制度。根据指导性文件（EC）No.2010/C200/01，通过在转基因作物和非转基因作物之间设置缓冲带和隔离带来实现共生管理，同时还可设立无转基因生物区，以避免转基因生物与非转基因生物的无意混杂。该指导性文件不具有约束力，各成员国可以执行各自的管理条例。

⑤取样抽检制度。欧盟规定，各成员国应对流通中的转基因产品进行取样抽检，以随时了解转基因产品的安全状况，具体取样抽检形式由各成员国根据本国情况执行。

⑥突发事件处理制度。为了应对转基因产品潜在风险暴露等突发事件，欧盟建立了由欧盟委员会、欧盟食品安全局和各成员国组成的欧盟食品和饲料快速预警系统（RASEF）。在处理突发事件时，欧盟强调信息共享。一旦发现转基因产品对公众健康或环境造成危害，各成员国立即禁止问题产品流通，并尽量减少不良影响。法规（EC）No.178/2002 对启动预警系统的适用情况作了详细规定。

3.1.2.4　特点分析

欧盟对转基因技术持严谨审慎态度，对转基因生物安全管理是一种限制型、预警式的管理模式。在具体管理实践中，具有如下特点。

（1）建立了比较完善的法律法规体系，既有专门性法规，也有综合性法规，与转基因生物相关的安全管理都能找到相应的法规条文。同时，还出台了一系列操作性强的技术指南和指导性文件，作为法规的必要补充，增强了法规的可实施性。

（2）建立了从转基因生物及产品向环境有意释放、产品标识及可追溯、共生管理到取样抽检、突发事件处理等一系列管理机制，这些制度环环相扣，贯穿于转基因生物及产品的整个生命周期，将与转基因生物及产品相关的生产、加工、流通、消费等所有环节都置于政府部门的监管之下，实现了对风险最大程度的控制。但相应地，也存在着管理程序复杂，审批周期漫长等问题，在一定程度上延缓了转基因作物产业化发展进程。

（3）重视公众意见，充分尊重公众的知情权和选择权。无论是转基因生物向环境释放还是转基因产品市场投放，甚至是突发事件处理，欧盟成员国都会将相关信息及时向公众公布，充分听取公众意见，其中，转基因产品标识是对公众知情权和选择权的充分维护。当然，对于公众意见的重视在一定程度也导致欧盟及各成员国在转基因作物产业化发展进程上步履缓慢。

（4）管理部门之间既密切配合，也存在一定矛盾。一方面，欧盟与各成员国之间配合紧密，欧盟负责制定适用于整个区域内转基因生物及产品管理的基本框架和原则，并协调各成员国的利益冲突，各成员国在欧盟的基本框架和指导原则下制定具体的管理条例和实施细则，根据具体国情进行管理。从这个角度来说，欧盟与各成员国之间分工明确，工作内容上基本不存在交叉、重复，不易产生冲突。另一方面，欧盟仅是一个具有联邦性质的区域性组织，并不具备完全凌驾于各成员国之上的权力，在转基因生物及产品的管理过程中，由于各成员国对转基因生物的态度不同，存在各成员国拒不执行或故意拖延欧盟相关指示、决定的情况，对此，欧盟也无可奈何。

3.2　我国转基因作物安全管理现状与问题

3.2.1　我国转基因作物安全管理的现状

3.2.1.1　管理理念

与欧盟转基因生物安全管理理念类似，我国对转基因技术发展持积极谨慎态度，考虑到转基因过程的新颖性和转基因生物及产品风险的特殊性，将转基因生物及产品同非转基因生物及产品区别对待，对转基因生物的管理是一种基于过程的管理模式，既强调以"科学为基础"，也强调"预先防范"。

3.2.1.2　政策法规

我国转基因技术研究始于 20 世纪 80 年代，国家为了实现对转基因产品的安全管理，在 90 年代初就开始了相关的政策法规完善工作，制定了一系列综合性法规和专门性法规。

（1）综合性法规

1990 年国家卫生部制定并颁布了《新资源食品卫生管理办法》，办法中包含了转基因食品的内容，该办法于 2007 年废止。同年，卫生部颁布了《新资源食品管理办法》，办法规定，"因采用新工艺生产导致原有成分或者结构发生改变的食品原料"为新资源食品，也就是说，这一办法适用于转基因食品。

2000 年制定，后于 2004 年修正的《中华人民共和国种子法》同样适用于转基因作物品种选育和种子生产、经营、使用，并明确规定："转基因植物品种的选育、试验、审定和推广应当进行安全性评价，并采取严格的安全控制措施。"

（2）专门性法规

1993 年，国家科学技术委员会发布了《基因工程管理办法》，对基因工程安全管理工作实行安全等级控制、分类归口审批制度，并规定了不同安全等级的审批权限。农业部根据《基因工程安全管理办法》，于 1996 年发布了《农业生物基因工程管理实施办法》，加强了农业生物基因工程安全管理的针对性，该办法于 2002 年废止。

2001 年，国务院颁布了我国第一部农业转基因生物安全管理行政法规——《农业转基因生物安全管理条例》，并于 2011 年、2017 年进行了两次修订，对农业转基因生物研究、试验、生产、加工、经营、进口、出口、监督检查、罚则等作了规定。农业部于 2002 年发布了三个配套规章：《农业转基因生物安全评价管理办法》（代替原来的《农业生物基因工程管理实施办法》）、《农业转基因生物进口安全管理办法》和《农业转基因生物标识管理办法》，并于 2004 年、2016 年、2017 年进行了修订，标志着我国对农业转基因生物研究、试验、生产、加工、经营、进出口活动开始实施全面管理。为加强对转基因食品的监督管理，2002 年卫生部发布了《转基因食品卫生管理办法》，该办法于 2007 年废止，由《新资源食品管理办法》代替。2004 年，国家质检总局发布了《进出境转基因产品检验检疫管理办法》，加强了对转基因产品进境、过境、出境的检验检疫管理。2006 年，农业部发布了《农业转基因生物加工审批办法》，加强了对农业转基因生物加工的审批管理。

此外，我国于 2002 年正式加入了《生物多样性公约的〈卡塔赫纳生物安全议定书〉》，以使我国转基因生物管理与国际接轨。

梳理我国转基因生物安全管理相关法律法规，不难看出，目前我国已经形成了以国家法律、行政法规、部门规章、国际条约为主体的转基因生物管理法律法规体系，如图 3-5 所示。

3.2.1.3　管理机构

根据《农业转基因生物安全管理条例》第一章第四条的规定，我国建立了由农业部主导、其他部委、县级以上农业行政主管部门参与以及安全评价机构、检测机构、标准制定机构等为支撑的组织管理体系，如图 3-6 所示。

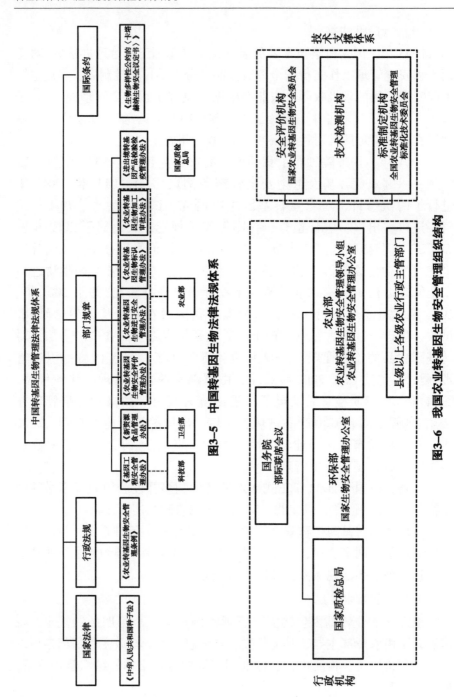

图3-5　中国转基因生物法律法规体系

图3-6　我国农业转基因生物安全管理组织结构

（1）行政机构

国务院。国务院是我国农业转基因生物安全管理最高的行政机构，建立了由农业、科技、环境保护、卫生、外经贸、检验检疫等有关部门负责人组成的部级联席会议，主要负责研究、协调农业转基因生物安全管理工作中的重大问题。

农业部。农业部是我国农业转基因生物安全管理的主要执行部门，主要负责制订和实施农业转基因生物安全管理的相关政策、法规、规划、计划和技术规范，农业转基因生物的审批、生产与经营许可、进出口管理、标识管理，以及国家农业转基因生物安全评价与检测机构的认证、管理和安全监测体系建设等。为了更好地全面执行全国农业转基因生物安全的监督管理工作，农业部成立了农业转基因生物安全管理领导小组和农业转基因生物安全管理办公室。

国家质检总局。国家质检总局负责进口农业转基因生物在口岸的标识检查验证工作。

环保部。环保部作为我国联合国环境署和《生物多样性公约》的国家联络点和主管部门，设立了国家生物安全管理办公室，主要负责组织协调有关农业转基因生物安全管理国际条约的履约工作，参与处理涉外农业转基因生物安全管理事务。

地方行政机构。省级农业行政主管部门是本行政区域内农业转基因生物安全监管工作的责任主体，成立农业转基因生物安全管理领导小组和办公室。但与农业部不同的是，省级农业行政主管部门仅承担转基因生物研究阶段的监督管理职能，一旦涉及转基因生物田间试验、环境释放、生产性试验、安全证书发放和商业化生产，均需由农业部来执行相关管理。其他县级以上农业行政主管部门也担负着本行政区域内农业转基因生物安全管理的职责。

（2）技术支撑体系

安全评价机构。安全评价机构主要负责农业转基因生物研究与试验的安全评价管理工作，为国家农业转基因生物安全管理提供技术咨询。国家农业转基因生物安全委员会是我国唯一的农业转基因生物安全管理的安全评价机构。委员会由农业部设立，主要由从事农业转基因生物研究、生产、加工、食品、卫生、检验检疫、环境保护、技术经济、农业技术推广等方面的专家组成。农业转基因生物安全委员会每届任期三年，2016 年改为五年，现已经历五届。

技术检测机构。技术检测机构主要负责对农业转基因生物进行环境安全和食用安全检测，以及转基因产品检测，为农业部转基因生物安全评价和全国或所在省（市、自治区）农业转基因生物标识管理提供技术支撑服务。

标准制定机构。标准制定机构主要负责转基因生物及产品的研究、试验、生产、加工、经营、进出口及与安全管理方面相关的国家标准制修订工作，以加强对农业转基因生物安全的规范化管理。经国家标准化管理委员会批准，农业部成立了由不同领域专家组成的全国农业转基因生物安全管理标准化技术委员会。

3.2.1.4 管理制度

（1）安全评价制度

我国农业转基因生物安全评价以科学为依据，以个案审查为原则，实行分级分阶段管理。在具体安全评价中，根据受体生物的安全等级、基因操作对受体生物安全等级影响的类型、转基因生物的安全等级和生产加工活动对转基因生物安全性的影响四个方面，将农业转基因生物划分为尚不存在风险、具有低度风险、具有中度风险和具有高度风险四个等级，分别对应安全等级Ⅰ、Ⅱ、Ⅲ、Ⅳ。在申报和审批过程中，对于不同安全等级的农业转基因生物，根据不同阶段（实验研究、中间试验、环境释放、生产性试验和安全证书五个阶段）向研发单位农业转基因生物安全小组或农业转基因生物安全管理办公室报告或者提出申请。

（2）审批制度

我国针对农业转基因生物种植（主要指环境释放、生产性试验和安全证书阶段）、加工、进口等实施严格的审批制度。对于境外贸易商和国内生产应用商申请农业转基因生物安全证书、农业转基因生物材料入境（用于研究、试验和生产）、进口农业转基因生物直接用作消费品等的审批，其程序为：受理申请材料和初审—正式审查—办理批件；对于境外研发商首次申请农业转基因生物安全证书，其程序更为严格，具体为：材料受理材料和初审—项目审查—发放入境审批书—专业检测—

正式评审—办理批件。所有审批程序都由农业部组织实施。

（3）标识制度

为了规范农业转基因生物的销售行为，引导农业转基因生物的生产和消费，保护消费者的知情权，我国对农业转基因生物实行强制性标识制度。《农业转基因生物标识管理办法》对标识范围、标注方法等作了详细规定。目前，我国的标识制度是定性标识制度，标识阈值为0%，即只要最终产品在整个生产链条中任何一个环节含有转基因成分，都必须进行标识。具体程序为：①提出申请（境外公司向农业转基因生物安全管理办公室提出标识审查认可申请，国内单位或个人则向所在地县级以上农业行政主管部门提出标识审查认可申请）。②农业转基因生物安全管理办公室或县级以上农业行政主管部门在30日内完成审查工作，并作出审查决定。同时，县级以上农业行政主管部门和各省（区、市）农业行政主管部门应将所批准的标识审查认可申请及批准文件逐级报送至农业转基因生物安全管理办公室备案，由农业部将审批结果抄送有关部门。

（4）突发事件应急预案

为了有效应对农业转基因生物安全突发事件，提高快速反应和应急处理能力，农业部制定了《农业转基因生物安全突发事件应急预案》，对应急预案适用范围、组织机构及职责、监测与预警、应急响应、后期处置、保障措施等作了详细规定。县级以上各级地方人民政府按照农业部的要求也制订了应急预案，为本行政区域内农业转基因生物安全管理提供了重要保障。

3.2.2　我国转基因作物安全管理存在的问题

（1）现行政策法规在操作性与实施性方面存在一定障碍

任何一部法规的可操作性与可实施性是至关重要的，农业转基因生物安全管理领域的法规更是如此。我国经过多年的法规体系建设，已制定了部分技术指南和指导性文件，如《转基因植物安全评价指南》《动物用转基因微生物安全评价指南》《转基因作物田间试验安全检查指南》《农业部产品质量监督检验测试机构审查认可评审细则》等，但与美国、欧盟等发达国家和地区相比，我国的技术指南和指导性文件在数量和细节等方面都有所欠缺，降低了现有法规的可操作性和可实施性。

此外，我国现行的强制、零阈值标识政策在可行性和操作性方面也面临着诸多困难。我国分布着数以亿计的小规模分散农户，农作物大都是混作混收，农产品的加工、销售中也存在着大量小规模家庭作坊式企业，很容易将农业转基因生物与常规生物混杂，对其进行有效监控极其困难，强制标识需要花费巨额成本且很难贯彻执行。

（2）农业转基因生物安全管理缺乏可追溯性

虽然在《农业转基因生物安全管理条例》中规定，生产、经营转基因植物种子、种畜禽、水产苗种的单位和个人，应当建立生产、经营档案，载明生产地点、基因及其来源、转基因方法、贮存、运输和销售去向等，但目前我国对农业转基因生物的安全管理主要还是采用过程式的监管模式，尚未建立追溯制度，即由主管部门对转基因生物试验、生产、加工、经营、进出口等活动进行分阶段的监管，各监管环节之间缺乏有效衔接。由于尚未建立起无缝对接的全程跟踪制度，无法保证农业转基因生物安全管理的可追溯性，导致主管部门的监管往往流于形式，同时也不利于在发生农业转基因生物安全突发事件时及时查找源头、有效控制风险。

（3）信息透明化程度较低，未充分考虑公众意见

目前我国农业转基因生物安全管理中尚无普通公众参与，未充分考虑公众意见，安全评审工作均是由主管部门和专家学者完成。评审结果要么是未向公众公开，要么是采取"隐蔽性公开"方式，使得普通公众对我国农业转基因生物安全管理真实情况知之甚少。对于提供转基因生物安全管理技术咨询的专家学者，也是讳莫如深。在农业转基因生物安全管理中，与公众缺乏必要的信息交流，一方面将增加公众对农业转基因生物的抵触情绪，降低农业转基因生物的社会接受和认可度；另一方面将使政府行为缺乏必要的社会监管，导致政府公信力降低，难以实现农业转基因生物的有效监管和风险控制。

（4）缺少政府管理绩效评价机制

我国现行的农业转基因生物安全管理政策法规中，虽然对中央和地方各级农业行政主管部门违规行为和不履行监督管理职责的处罚作了详细规定（详见《农业转基因生物安全管理条例》），但并未建立政府管

理绩效评价制度。由于农业转基因生物具有滞后性、外部性等风险特性,使得相关监管效果具有信用品特征,亦即政府监管不作为、监管质量好坏在短期内难以判断。缺乏有效的政府管理绩效评价机制,易导致我国农业转基因生物安全管理变成"空中楼阁",难以落到实处。

第4章 转基因作物风险分析

4.1 转基因作物技术特性和经济特性

4.1.1 技术特性

4.1.1.1 技术的不连续创新

转基因技术通过将外源优良基因导入到受体作物中，改善目标作物原有的性状或赋予其新的优良性状，获得新的品种。它打破了物种的界限，实现了物种间的基因交流，具有更强的技术性能和发展潜力，能够显著提高作物的性状，增加新的产品特性。相较于遗传育种技术，转基因技术是根本性创新，具有技术不连续的特征，其发展规律比传统的遗传育种技术更难摸索，具有更高的不确定性和风险性。

4.1.1.2 发展阶段多、开发周期长

转基因作物研发一般要通过实验室研究、中间试验、环境释放、生产性试验段等多个阶段，以验证转基因作物的安全性和稳定性，每个阶段都要严格达到一定标准，有些阶段的时间周期是很难因技术进步而缩短的，如环境释放和生产性试验阶段，从而使得转基因作物的开发周期比较漫长。据专家介绍，转基因作物经历"基因鉴定—产品概念—早期开发—进一步开发—提交申请"的过程，需要 8~10 年时间。

4.1.1.3 对资源高度依赖

农作物转基因技术研发的核心是基因重组，操作的主要对象是基因，这就决定了农作物转基因技术对基因资源高度依赖，缺乏所需的功能基因，就无法展开相关研究，获得了某种基因专利就相当于从源头上

掌握了相关产品的开发。

4.1.1.4　管理困难

农作物转基因技术是多学科的横向渗透、交错和综合，往往需要多学科的知识人才共同协作，进行创造性劳动，其产业化又涉及生物、环境、社会、经济多种因素，影响因素复杂，没有现成的经验可以借鉴，管理更为困难，需要相对较高的知识水平、专业水平、理解能力和应用能力，需要不同的技术路线和基础设施，需要多种知识的融合、移植和综合。

4.1.1.5　对社会影响深远

农作物转基因技术是将人们期望的已知功能性状的目标基因，经过人工分离、重组后，导入并整合到目标作物的基因组中，是一种人为操纵农作物进化与遗传的行为，其发展正在引发越来越多关于环境、社会及伦理道德等方面的关注，并受到公众舆论、社会文化、宗教信仰、法律法规等多方面因素的影响和制约。因此，在对世界粮食安全、气候变化和可持续发展做出贡献的同时，也应该看到，一旦技术不成熟和不稳定使生物链遭到破坏，出现生物灭绝或生物灾难的话，人类的生存和发展将面临严峻挑战。

4.1.2　经济特性

4.1.2.1　公共物品特性

由于农业生产和农业技术的特殊性，农业技术创新是典型的公共物品。农作物转基因技术作为作物育种领域的一项技术创新，其公共物品特性表现在：第一，技术效应的非排他性，即农作物转基因技术相关产品的通用性很强，不同的农户都可以使用其产品，具有明显的非排他性；第二，潜在需求量较大，但现实有效需求不足，即无数分散的农户，尤其是发展中国家资源匮乏的小农户，对转基因作物商业化种植都有强烈的需求，但单个农户不可能支付昂贵的专利费用去购买转基因作物种子；第三，技术的溢出效应，即一旦有农户购买了转基因作物种子用于生产后，就不可能排斥农户自己留种或没有购买的农户通过某种途径从其他农户中获得种子，从而免费使用相关技术产品。

4.1.2.2 外部性

农作物转基因技术的外部性是指在农作物转基因技术的采用过程中，尤其是转基因作物的商业化种植和产品消费过程中，对生态环境、人类健康带来了正面的或负面的影响，技术拥有者或采用者却没有为之承担应有的成本费用或没有获得相应的收益。一方面，农作物转基因技术的正外部性明显，据国际农业生物技术应用服务组织（ISAAA）的报道，由于转基因作物的种植，1996—2015 年，农业生产中的农药活性成分减少了 6.2 亿千克、农药施用减少了 8.1%，仅 2015 年二氧化碳排放减少了 267 亿千克，对全球可持续发展及气候变化做出了积极贡献（ISAAA，2017）。同时，有研究表明，我国 Bt 棉花的推广减少了棉铃虫的种群数量，从而减少了 Bt 棉花和非 Bt 棉花中用于防治棉铃虫的农药使用量（黄季焜等，2010）。另一方面，农作物转基因技术的负外部性不容忽视。如转基因作物商业化种植后，目标害虫抗性、杂草化、基因污染、破坏生物多样性、打破生态平衡等生态环境问题一直是转基因作物产业化进程中的关注焦点，关于转基因产品的过敏反应、致毒性、抗生素抗性、营养问题等对人类健康造成的危害也一直是公众的担忧所在。

4.1.2.3 信用品特性

信用品指消费者即使在消费之后也不能判断商品品质，必须借助其他的信息才能确定商品品质。目前，通过安全性评价的转基因作物及食品与对照物在表型、农艺性状、组成成分等方面具有实质等同性，如果没有相关标示，农户或消费者在生产或消费过程中无法分辨出转基因与非转基因作物及食品的区别，也没有能力了解其特性。信用品特性决定了转基因作物及相关产品需要信息显示机制。此外，由于信用品特性，农户或消费者不能对转基因及相关产品进行价值判断，也无法进行信息交流，易导致在市场中出现信息不对称和逆向选择问题。鉴于此，对于转基因作物及相关产品而言，需要建立有效的监督机制。

4.2 转基因作物风险表现

早在 20 世纪 70 年代，转基因技术的安全性问题就引起了广泛的讨论，人们已经意识到转基因技术对生态环境、人类健康、伦理道德等可能带来的一些问题。1973 年在美国新罕布什尔州举行的 Gordon 会议，许多生物学家对即将到来的重组 DNA 操作的安全问题极为担忧，建议成立专门委员会管理重组 DNA 研究，并制定指导性法规。1974 年 4 月，美国斯坦福大学的生物化学教授 Paul Berg 主持的研讨会总结了 Gordon 会议以来重组 DNA 技术的发展，并指出此类研究如不加以限制和指导，可能带来生物危害。1975 年 3 月在美国加利福尼亚州召开了人类历史上第一个关于基因工程安全问题的国际会议——Asilomar 会议。来自十几个国家共 150 多名分子生物学精英第一次专门讨论转基因生物安全性问题。通过讨论认识到，基因工程存在着潜在风险，并且其风险是一种综合的长期效应，它可能对其他生物和生态环境带来潜在的间接的影响，这种影响可能在近期表现出来，也可能经过一个较长的潜伏期后才表现出来。

20 世纪 80 年代以来，人们越来越关注基因工程的安全问题。1989 年，美国 Showa Denko 公司利用遗传工程改良的微生物生产的 L-色氨酸上市后导致 37 人死亡，1 500 余人伤残，在社会上引起了强烈的反响。后来的巴西坚果事件、普斯泰（Pusztai）事件、黑脉金斑蝶事件、墨西哥玉米事件等事例的发生，引起了人们对植物基因工程安全问题更为深切的关注。

转基因作物中导入的外源基因可能受到基因相互作用、基因多效性等因素的影响，而以人类现有的知识水平和技术手段，还很难精确地预测外源基因在新的遗传背景中可能产生的负面影响及其对生态环境和人类健康的影响。当前，转基因技术的研究迅速发展，农业生产中转基因技术的应用也日益广泛，大量转基因农作物正逐步进入商业化生产阶段。转基因作物的大面积释放，就有可能使得原先实验室或小范围内不太可能发生的潜在危险得以表现出来，进而引发一系列的风险问题。

4.2.1　生态风险

4.2.1.1　杂草化

（1）转基因植物本身可能变为杂草

美国杂草学会将杂草定义为在生长所在地不受欢迎的植物，也就是说其生长会干扰人类行为或损害人类利益。与作物相比，杂草具有更强的繁殖能力、种子散布能力、竞争力和抗逆境生存能力以及寿命长的特性。利用转基因技术导入新的基因后，转基因作物在生存能力、种子产量、生长势和越冬性等方面可能要强于非转基因作物，从而可能成为入侵性杂草，入侵其他非转基因作物栖息地并占据栖息地，这种入侵性危害发展到一定程度就会破坏自然种群平衡和生物多样性，带来严重的经济和生态问题（陈栋等，2004）。如在我国造成巨大的生态和经济损失的有眼凤莲和紫茎泽兰等。

（2）基因漂移使近缘物种转变为超级杂草

当转基因作物与同种或近缘种植物满足异花授粉的条件时，就存在基因漂移的可能性（贾世荣，2004）。研究证实，将转基因作物释放到田间后，其携带的目的基因可能向近缘非转基因植物转移，从而提高近缘物种获得选择优势的潜在可能性。这些含有抗病、抗虫或抗除草剂等目的基因的植物极有可能成为"超级杂草"。这些杂草在非农业种植区旺盛生长，将会造成天然种群的衰落，破坏生态环境，打破原有生态种群的平衡。有研究表明，即使是在自然条件下生长的转基因油菜，其目的基因也可通过花粉或种子传入野生萝卜、白芥等近缘野生种中。

4.2.1.2 靶标生物的抗性

由于生物个体的进化过程是在其环境的选择压力下进行的，而环境不仅包括非生物因素也包括其他生物。因此一个物种的进化必然会改变作用于其他生物的选择压力，引起其他生物也发生变化。伴随着自然界生物间的协同进化，或生物与非生物抑制因子间的对抗，就可能出现适应或淘汰的结果。以抗病虫转基因作物为例，根据协同进化理论，在抗病虫转基因作物广泛推广后，抗病虫基因在作物体内的持续表达，使得目标害虫在整个生长期都受到杀虫蛋白的选择，从而促使目标害虫对抗病虫转基因作物产生相应的抗性（郭建英等，2008）。通常情况下，选择压力越大，目标害虫产生抗性越快。目标害虫对转基因作物的抗性发展，会引发目标害虫对作物再次爆发危害，削弱转基因作物本身的优势和效益，可能导致化学农药或杀虫剂的再次大量使用，从而对环境产生负面影响。有田间和室内试验结果表明，推广种植转 Bt 基因棉后，由于棉花植株中毒素基因的持续表达，目标害虫形成了很强的选择压力，有几种鳞翅目昆虫对 Bt 毒素产生了抗性。

4.2.1.3　对非靶标生物的影响

不同类型的杀虫或杀真菌的基因工程都具有一定的广谱性，因而转基因作物中不同转 Bt 基因表达必然对许多非目标生物产生直接毒性作用，不可避免地杀死有益的昆虫或真菌（马兰，2004）。另外，有许多天敌生物存在于田间环境中，它们以有害生物为食，或以有害生物作为寄主。转基因作物通过直接作用于这些有益天敌生物的食物或寄主，能够间接影响到天敌生物的生存和繁殖，进而影响到农业生态系统中有益天敌生物的种类和种群数量（赖家业等，2005）。

另一方面，由于转基因作物对目标害虫往往具有很强的针对性，会减少目标害虫的种群数量（戴海英等，2006）。随着目标害虫的种群数量的减少，生物群落中物种之间的竞争格局就会发生变化，某些具有较强适应性的非目标害虫可能成为主要害虫。同时，目标害虫寄主转移情况的发生同样会对非靶标生物产生影响。这是因为有些目标害虫的寄主植物种类较多，如果大规模种植转基因作物，这些目标害虫就会转移至其他非转基因作物上。在一些生态学家看来，转基因作物是非自然进化的物种，由于选择优势较强，易于取代原来栖息地上的物种，引起区域生态结构发生变化，继而引发一系列连锁反应，影响天敌、植食性昆虫、昆虫捕食者等生物的分布和生长发育，给自然界现存的动植物带来很大的灾难。

4.2.1.4　新病毒与超级病毒的产生

病毒之间的重组，或相似核苷酸之间的交换，可能导致新病毒的产生。转基因作物所携带的抗病毒基因由于其在作物体内的重组作用有可能产生新病毒。同时，当有其他病毒入侵时，入侵的病毒外壳蛋白（CP）基因与感染病毒的相关基因之间一旦发生基因重组或异源包装，就有可能产生新的、更具危险性的植物病毒。这些新产生的病毒可能危害人类和自然界中的植物。1998 年，一种名为木薯花叶病毒乌干达变异株的新病毒在乌干达严重流行，给当地造成了严重的饥荒。如果抗病毒转基因作物中的病毒基因产物与其他病毒或病毒产物之间发生协同作用，可能会加速病毒病的发展（张永军等，2002）。另外，水平重组转入基因后，新的有毒细菌的形成概率也相应提高。其机理在于，微生物通过一定的生理生化机制将转入基因转移到与其没有任何亲缘关系的其他微生物中去，促使形成新的有毒细菌。

4.2.1.5　对土壤生态系统的影响

研究表明，转基因作物可能会对土壤中的微生物、昆虫、软体动物等产生负面效应，降低植物的自然分解率和土壤肥力，以及土壤内和地面上的物种多样性，进而对土壤环境的生态平衡产生长远的影响（赖家业等，2005）。

外源基因的导入和表达可能会改变转基因植物的代谢、生理生化性质和根系分泌物（王建武等，2002）。这种变化将影响微生物群落生理特性及代谢活性，改变土壤微生物对外来底物的利用，从而影响土壤结构、持水性、通透性和土壤肥力。

土壤动物功能群在土壤物质转化及养分释放中起着重要作用，其种群数量变化是最敏感的监测指标之一。与微生物相比，原生动物的数量相对较少。转基因作物通过改变土壤微生物，可间接影响土壤原生动物，使其快速发生变化。例如，在根系土壤中，以细菌和真菌为食的线虫通过调节分解作用和营养的释放作用而影响到土壤生态系统的功能。

4.2.1.6　对生物多样性的影响

生物多样性是生物、生物与环境形成的生态复合体，包括数以百万计的动物、植物、微生物和它们拥有的基因，以及它们与其生存环境形成的复杂生态系统。生物多样性主要表现在基因多样性和物种多样性两个方面。

（1）转基因作物对基因多样性的影响

基因多样性，也称为遗传多样性，是维护自然生态平衡的基础，一旦遭到破坏，将给人类带来无法估量的损失。转基因作物可以从三个方面影响遗传多样性（刘娜等，2006）：第一，相较于常规作物，转基因作物具有产量更高、品质更好、抗性更强的特性，常常被广泛种植，这必然减少常规作物的种植类型和数量，甚至导致常规作物的灭绝，加剧基因多样性的流失；第二，转基因作物中携带的抗性基因往往使其具有竞争优势，可加速野生资源的消亡；第三，转基因作物的大规模环境释放，将使大量外来基因漂移进入野生植物基因库并扩散开来，这会影响基因库的遗传结构，造成基因污染，对基因多样性产生不良影响。

（2）转基因作物对物种多样性的影响

转基因作物在生态环境中稳定下来后，不仅会直接作用于靶标生物，还会通过食物链产生累积、富集和级联效应，对生态系统中的非靶标生物产生间接影响。这将使生物群落结构和功能发生变化，一些物种种群数量下降，另一些物种种群数量急剧上升，均匀度和生物多样性的降低，会导致整个生态系统不稳定，影响正常的生态营养循环流动系统（郭建英等，2008）。

4.2.2　健康风险

转基因作物通过其产物——转基因食品可能对人类健康产生威胁。从技术层面讲，转基因过程的每一个环节，包括供体和受体基因的安全性、转移基因结构的稳定性、基因插入受体基因组位置的准确性以及运载体选择的合理性，都有可能对食品的安全性产生影响，主要表现在以下四个方面。

4.2.2.1　营养问题

转基因食品中含有基因修饰导致的"新"基因，这些目的基因由于其自身稳定性及插入受体生物基因组位置的不确定，极有可能产生缺失、错码等基因突变，使蛋白质产物的表达性状发生改变，导致营养促进或缺乏、抗营养因子的改变等问题，进而改变食品的营养价值，影响人体的营养平衡（段武德，2007）。

4.2.2.2　毒性问题

转基因食品中含有的导入基因可能来自不同类、种或属的其他生物，包括各种细菌、病毒和生物体等，因此外源基因及其表达产物可能具有潜在的毒性物质（吴丽业、闫茂华，2009）。在转基因实施操作过程中，为了获得优良性状表达，可能会忽略外源基因中含有的其他致毒基因片段。尤其是基因的人工提炼和添加，可能会增加和积累食物中原有的微量毒素。另外，转基因食品在加工过程中由于基因的导入使得毒素蛋白发生过量表达，可能引起毒性反应。

4.2.2.3　过敏反应

转基因作物中往往引入一种或几种蛋白质，这些蛋白质并不全是人类食物的成分，可能引起过敏反应（杨东升，2004）。另外，在转基因实施过程中，可能将基因供体过敏性或其他未知的潜在过敏性转移到转基因受体中，导致机体过敏。巴西坚果中含有一种对动物非常重要的含甲硫氨酸和半胱氨酸的蛋白质，美国先锋种子公司通过转基因技术将这种蛋白添加到大豆中，某些对巴西坚果过敏的人在食用转基因大豆后，也产生了过敏反应。

4.2.2.4　抗生素的抗性

抗生素标记基因被大量应用到在遗传工程植物体的转化、修饰过程中。作为筛选、鉴定目的基因的载体，常常与插入的目的基因一起转入目标生物中。但是抗生素标记基因可能会水平转移到胃肠道微生物菌群中，产生抗生素抗性，从而降低抗生素在临床治疗中的有效性（张秀娟，2002）。

4.2.3　经济风险

4.2.3.1　转基因技术不完善带来的经济损失

目前，转基因技术日臻成熟，但仍存在非预期效应。一方面，转基因的性状还比较单一，无法克服转基因作物的不利方面，转基因作物的质量得不到保障；另一方面，由于制种过程的混杂或基因表达强度不高，以及外部条件变化，都可能导致转基因性状失效，转基因作物的持续抗性并不能得到保障。在2008—2009年的生长季节，哥伦比亚最重要的棉花生产大省Cordoba种植的两个转基因棉花品种［抗除草剂（草甘膦）和Bt抗虫（棉铃虫）］因抗性失效，使棉花受害严重，给当地农民造成了惨重的经济损失。我国科学家也已经证明，转基因棉花因高温的影响产生的Bt毒素只有正常水平的30%~63%，使得它们不能抵抗棉铃虫。

4.2.3.2　贸易风险

目前，有关转基因作物及其产品对自然生态环境和人类健康的安全隐患日益引起了人们的普遍关注，但仍没有肯定或否定的科学依据，世界各国对转基因作物及其产品的安全性问题也没有取得共识。但是，大多数国家和地区都已实施严格的转基因产品管理制度，通过制定和颁布技术标准和法规，来限制转基因产品进口。因此，转基因作物及其产品的出口面临着严格的技术壁垒（何铭涛、杨立彬，2010）。

另一方面，转基因农产品的出口会冲击进口国的农产品市场，进口国自然会采取措施来阻止或减小转基因农产品对本国市场的冲击。目前，欧盟和日本等一些国家和地区对转基因技术及作物持谨慎、保守的态度，对转基因农产品贸易采取限制措施，这对转基因农产品出口是不利的（杜军燕等，2003）。

4.2.4　社会风险

4.2.4.1　对社会伦理道德的冲击

（1）代际伦理问题

由转基因技术的应用引发的代际伦理问题是指如何在当代人与后代人之间公平地分享和承担转基因技术所带来的利益和风险（李丹、陈晓英，2007；李遥，2009）。转基因技术在农业中的应用改善了许多农作物的品质，满足了我们当代人生产生活的需要。但是，转基因技术对于自然生态环境和人类健康的负面影响，可能要等到几十年甚至几百年后才会显现。到那时，当代人已不复存在，而后代人则要不公平地为当代人的福利买单。当代人分享利益，后代人承担风险，这势必会产生代际间的伦理冲突，也不符合可持续发展的理念。

（2）宗教分歧

应用转基因技术可以实现物种间的基因转移。但我们知道，一些宗教信仰对于食物有一定的禁忌与限制，如果转基因作物的外源基因恰好是来源于被这个宗教禁止食用的物种，公众的道德观念就会受到挑战，有可能会遭到宗教人士的抵制，甚至导致宗教分歧（陈锦凤等，2003）。在英国对食品生产技术革新进行的一次民意调查中，不仅有70%被调查者认为转基因技术"从道德上讲是错误的"，而且62%的人认为它"违背自然"，有27%的人认为它"可怕"。而在美国进行的一次类似研究的结论是："对生物工程学从道德上反对的意见占有很大优势，认为生物工程学从道德上讲是错的。"

4.2.4.2　知识产权缺失潜在威胁社会稳定

目前从整体水平看，我国在农业转基因技术研究方面的进展与国际上基本同步，在发展中国家居领先地位。但与国际先进水平相比，仍有较大差距，主要表现在我国拥有自主知识产权，同时又能使农业转基因技术发挥巨大产业化潜力的源头基因相对较少。据统计，美国、日本、澳大利亚等发达国家拥有的水稻基因专利、棉花基因专利、小麦基因专利和玉米基因专利分别占全球的 70%、75%、80%、90%以上，而我国目前获得的基因专利总数不足美国的 10%。据报道，我国正在申请商业化种植及正在研发的 8 个转基因水稻品系至少涉及 28 项国外专利，分别属于美国孟山都、德国拜耳和美国杜邦三家跨国生物技术公司。由此可见，发达国家的转基因种子不但占据物种优势，而且拥有知识产权，一旦打败国内本土种子，最终将会令当地物种无法生存，使大批农民失业，更会令我国的农业命脉受制于人。另外，转基因技术在我国农业中的广泛应用，必然会导致对转基因种子的依赖，长此以往，生产转基因种子的垄断企业就能轻易地控制农民的生产生活。农民只能通过扩大生产规模，采取大规模农场化生产组织方式，来抵消高昂的专利费导致的生产成本过高，这样做的结果就是大批农民破产，从而威胁到整个社会的稳定（毛新志，2007）。

4.3　转基因作物风险特性

根据对转基因作物技术特性和经济特性的分析，并结合转基因作物的风险表现，可以看出转基因作物具有如下风险特性。

4.3.1　风险呈递增变化

转基因作物从研发到产业化应用，往往要经过实验室研究、中间试验、环境释放和生产性试验等多个阶段。随着各阶段的推进，转基因作物所依赖的环境条件可控性越来越弱，影响因素越来越复杂，风险发生的概率和危害程度也随之递增。实验室研究和中间试验阶段，均是在控制系统内或者在控制条件下进行的，风险相对容易控制，转基因作物风险发生的可能性极小。环境释放和生产性试验阶段，均在开放的环境中进行，但在这两个阶段，由于采取了严格的风险防范措施，转基因作物风险发生的可能性较小，即使发生，造成的危害也较小。转基因作物商业化种植后，完全暴露于自然条件中，虽然可以采取一些风险防范措施，但由于自然生态系统的复杂性，风险发生概率和危害程度随种植规模大小、种植时间长短而不同。

4.3.2　风险具辐射和传递性

风险的辐射和传递是风险扩散、扩大化的一种形式，是指某一直接风险事故可能引发其他危害。转基因作物风险的辐射和传递性表现在两个方面。一是不同种植区域的辐射和传递。如大规模种植转 Bt 基因棉花后，潜在的生态风险之一就是目标害虫（棉铃虫）的抗性进化问题。由于棉铃虫成虫具有兼性迁飞行为，一旦棉铃虫对转 Bt 基因棉花产生抗性，就会使其他区域的转 Bt 基因作物（如大豆、玉米）失去对棉铃虫的毒杀作用，并强化棉铃虫的抗性发展。大规模种植耐除草剂转基因作物后，杂草对除草剂的抗性进化，通过杂草间的杂交或基因渗透，将对除草剂的抗性转移到从未使用过该除草剂的田块或区域的杂草上，出现同步进化，导致杂草迅速生长并扩展分布空间，进而引发局部地区的生态环境问题（金银根等，2003；汪魏等，2010）。二是基于食物链的辐射和传递。如杀虫蛋白在抗虫转基因作物—植食性昆虫—捕食性和寄生性天敌三级营养结构中的传递，可能影响到植食性昆虫及其天敌的种群数量和群落组成，从而对生态系统内的生物多样性造成影响（李丽莉等，2004）。随着耐除草剂转基因大豆和玉米的大规模种植，区域内的马利筋（一种杂草）种群减少，从而间接对以马利筋为唯一食物来源的大斑蝶幼虫产生严重影响，甚至威胁到大斑蝶的生存（吴奇等，2008）。

4.3.3　风险的滞后性和不可逆性

转基因作物打破了物种界限，扩大了作物基因的来源，具有新颖性。作为一种特殊的生命形式，转基因作物的影响将是长期的，可能产生滞后效应。目前在实验室或小规模田间开展的转基因作物生态风险研究，很少有关于生态风险暴露的研究结论，但在长期商业化种植过程中，有些生态风险已表现出来。据国际畜牧网的报道，2014 年巴西农民在一个农场中发现转 Bt 基因玉米对巴西毁灭性的热带臭虫失去了作用。

转基因作物突破了"物竞天择、适者生存"的自然进化规律，是一种人为进化的结果，其安全性与自然淘汰的结果不能同日而语。转基因作物风险一旦发生，将是不可逆转的，没有补救机会（肖唐华等，2008）。如转基因作物中的抗性基因漂流到野生近缘种中并稳定下来，会造成种质资源的污染，将无法获得和恢复野生近缘种。

4.3.4 风险的公共外部性

转基因作物风险公共外部性主要是指转基因作物风险在时间和空间上是可以转移的。从空间转移来说，转基因作物种植区域的风险可转移到相邻的非转基因作物种植区域，且涉及的空间范围极大，甚至可能是全球性的。如2001年发现，墨西哥的野生玉米种质资源遭到污染，其污染源正是来自美国的转基因玉米花粉。从时间转移来说，转基因作物风险在短期内较难识别，可能需要几十年或更长的时间才能表现出来，风险决策和控制成本以及风险损失往往转移给下一代人。

4.3.5 风险的信用品特性

转基因技术作为作物育种领域的一项根本性创新，是多学科的横向渗透、交错和综合，具有很强的知识性。对转基因作物风险的识别、评价、监管等都需要借助相关的专业知识和技术手段才能进行。转基因作物风险的知识性，以及前面提到的滞后性，就使得转基因作物风险具有信用品特性。转基因作物风险的识别和鉴定绝大部分要依赖专业人员的科学知识，并遵循科学的技术路线，依托专业的检测设备和特定的环境条件，有时甚至需要经历长时间、大面积的反复监测，具有明显的信用品特性。

4.4 转基因作物风险的经济学分类

在产品市场上，有学者根据消费者对产品特性的了解程度以及获取产品信息的途径，将产品分为搜寻品、经验品和信用品三类。在转基因作物风险类型研究中，根据转基因作物本身所具有的技术特性和经济特性，结合转基因作物风险表现、风险发现的难易程度、风险发生的条件，以及风险特性，借用产品属性分类方法，将转基因作物风险分为具有搜寻品特征的风险、具有经验品特征的风险和具有信用品特征的风险三类。

4.4.1　具有搜寻品特征的风险

搜寻品是指消费者在购买商品之前，通过观察就能判断商品的质量和特征，也就是说消费者在购买之前，已掌握充分的产品信息，如食品的颜色、光泽、大小、品牌、商标、包装、产地等。对于搜寻品而言，生产者无法隐藏产品质量的信息，生产者和消费者之间不存在产品质量方面的信息差异，产品信息在生产者和消费者之间是完全对称的。因此，消费者对购买决策的感知不确定性和风险相对较低（杜美玲，2006）。对于转基因作物而言，具有搜寻品特性的风险，主要是源于风险的发生受一系列环境因素的影响，如果将环境条件控制在一定范围内，将大大减小风险发生的可能性。换而言之，具有搜寻品特性的风险主要是源于操作不规范导致的可控条件不符合要求，是人为造成的风险，其风险发现成本最低。如针对抗虫转基因作物的靶标害虫抗性问题，可以通过采取避难所/庇护所（在抗虫转基因作物种植区域附近种植一定面积的非转基因作物）策略来缓解或控制风险。但农户出于经济利益的考虑，可能不执行这一策略，从而加速靶标害虫抗性进化。

具有搜寻品特征的风险产生的原因主要有两个方面：一是监管制度和监管体系的不完善，要么是缺乏严格的规范和制度，要么是没有严格执行，对风险发生条件缺乏严格的控制；二是农户行为特征，农户为了省事或实现经济利益最大化，加之违规成本较小，不按照规范操作，从而导致风险发生。

4.4.2　具有经验品特征的风险

经验品是指只有购买后通过使用判断其质量和特征的产品或服务，如食品的新鲜程度和口感、理发、美容等。对于经验品而言，由于消费者在第一次购买、消费之前并不了解其产品信息，因此，在经验品首次被消费者购买、消费之前，生产者和消费者之间存在着产品信息不对称的问题。经验品的产品信息只有通过亲身体验才能获得，并且产品信息的搜寻成本要比直接体验高得多、且困难得多（杜美玲，2006）。对于转基因作物而言，具有经验品特征的风险主要是指那些在短期内可以表现出来，只需一般的检测水平就能发现的风险，其发现成本较低。如耐除草剂转基因作物中对野生近缘种的基因污染，只要野生近缘种是一年生的，在第二年就能检测到外源抗性基因是否在野生近缘种中实现了基因渗透。转基因作物自身杂草化问题，只要转基因作物是一年生的，在下茬作物中就能观测到是否出现了转基因作物自生苗，并对下茬作物构成危害。这类风险的监测并不复杂，所需时间也较短。

具有经验品特征的风险产生的原因主要有三个方面：一是转基因作物本身特性以及风险特性决定的，尤其是转基因作物风险的滞后性和信用品特性，使得人们无法在转基因作物商业化种植之初就直接看到风险的存在；二是风险交流不足，使得缺乏专业知识的农户并不了解风险的存在，或是信息传递太慢，无法及时采取策略进行有效的风险预防；三是监管的执行不力或监管的处罚力度不够，使得自觉进行风险防范的意识不足。

4.4.3 具有信用品特征的风险

信用品是指消费者即使在使用之后也不能判断其质量和特征的产品或服务，无法获得产品或服务的信息，如农产品的农药残留、医疗服务等。对于信用品而言，对其评估一般都需要专业知识，普通消费者获取这种知识的成本较高，生产者和消费者之间存在严重的产品信息不对称问题。由于消费者无法在购买之前评估产品，对购买决策的感知不确定性和风险较高（杜美玲，2006）。对于转基因作物而言，具有信用品特征的风险主要是指需要经历较长时间才能表现出来，对专业知识和特定检测体系的依赖性较强的风险，其发现成本高。如转基因作物对非靶标生物的影响、对土壤生态系统、对生物多样性的影响等，只有通过长期连续地监测才能明确。

具有信用品特征的风险产生的原因主要有三个方面：一是风险的滞后性，使得相关监管部门疏于防范和监管，加之政策的不稳定性，对风险监管缺乏长期性、连续性和系统性；二是风险监管的信用品特性，使得政府即使不监管，公众也难发现，加之监管的工作考核和责任界定很难（肖唐华，2009），导致政府的机会主义行为；三是安全管理滞后于转基因作物研发，某些风险在现有的知识水平和检测水平下还难以被发现，因而缺少对风险的必要防范和监管。

4.5 转基因作物风险控制机制初探

4.5.1 具有搜寻品特征的风险控制机制

按照经济学的观点，搜寻品市场类似于完全竞争市场，生产者和消费者所掌握的信息是完全对称的，消费者能通过自己的购买行为直接向生产者传递不同质量的支付意愿，生产者也有激励去改善搜寻品属性，实现市场的优质优价，从而保证市场的高效运行，而不需要政府干预（王彩红等，2009；樊孝凤，2007、2011）。

对于具有搜寻品特征的风险，风险监管部门和风险源（导致风险发生的人为因素）之间不存在信息不对称问题，同时监管效果也具有搜寻品特性，即监管行为的效果是显而易见的，不存在机会主义行为，因此，严格的行政监管是有效的控制机制。一是要完善转基因作物商业化种植监管制度和监管体系，制定严格的安全控制措施指南；二是要实施定期检查和不定期抽查相结合的监管机制，确保转基因作物商业化种植符合风险防范和控制要求；三是要严格执行监管内容，对不执行安全控制措施的种植者加大违规处罚力度，强化行政监管的威慑力。

4.5.2 具有经验品特征的风险控制机制

对于经验品，生产者和消费者存在购买前的信息不对称问题，但产品被使用后，消费者能完全了解其产品质量和特征，因而生产者有一定的激励改善产品质量（王秀清等，2002；王彩红等，2009）。重复购买能不断增加消费者掌握的产品信息，也能促使生产者为了维持其声誉努力提供高质量产品，也就是说经验品市场上生产者和消费者之间的信息不对称可以通过重复博弈和声誉机制来加以解决，不需要政府干预。

对于具有经验品特征的风险，声誉机制是有效的控制方法。一方面通过转基因作物研发机构和检测机构对风险的及时公布，促使风险监管机构加强风险防范和监管，另一方面通过风险监管机构长时期连续监管，促使风险源（导致风险发生的人为因素）自觉防范风险的发生。要使声誉机制在具有经验品特征的风险控制中发挥作用，必须满足三个条件。①风险交流充分，风险信息传递速度快。转基因作物研发机构和检测机构对风险的知识掌握较全面，要及时将风险信息传递给监管机构和种植农户，一方面降低监管机构的风险发现成本，提高政府的风险防范意识，及时制定合理的风险控制方案，并加大风险监管力度；另一方面可避免种植农户以不知情的理由而不执行风险控制方案。②重复博弈。转基因作物研发机构和检测机构与风险监管机构之间、风险监管机构与风险源之间的博弈是重复的。政府监管掌握着研究项目立项、检测机构认证、转基因作物安全审批等，如果研发机构和检测机构隐瞒风险信息，政府监管机构可取消其相关资格；反过来，研发机构和检测机构的风险信息发布有助于督促政府监管机构的监管行为，防止不作为现象的发生。对于导致风险发生的人为因素，政府可通过禁止其种植行为、降低获益水平来促使其不断降低人为因素影响。③违规惩罚具备威慑力。只有当违规成本远远高于投机收益时，人们才会自觉进行风险防范。也就是说，当处罚力度足够大时，研发机构和检测机构考虑到机会成本，不会存在隐瞒风险信息的行为，造成风险的人为因素也不会存在机会主义行为。

4.5.3 具有信用品特征的风险控制机制

对于信用品，生产者和消费者存在严重的信息不对称问题，同时由于市场价格不反映不可观察的产品质量，生产者有强烈的动机将质量降到尽可能最低的水平，导致逆向选择而造成市场失灵（樊孝凤，2007、2011），因此，政府干预是十分必要的。对于具有信用品特征的风险，由于其发现成本高，并具有严重的滞后性，以及监管的信用品特性，需要采取综合控制机制。

（1）多层次声誉机制

当存在信息不对称时，声誉机制是解决信息不对称问题的一种成本较低的制度安排（樊孝凤，2011）。信息是声誉机制建立的基础。对于具有信用品特征的风险，涉及的信息有：转基因作物研发机构和检测机构的风险信息、政府监管机构的监测信息、社会公众的检测信息、风险控制方案实际执行者（转基因作物种植者在种植过程中实施的风险控制措施）的质量信息，这些信息分布在不同的利益相关者中。因此，需要建立多层次声誉机制，以便将这些分散的信息有效利用起来，实现风险的综合控制。

（2）一体化监管机制

从外部性的角度来看，当采用多部门分阶段监管机制时，单个部门或阶段的监管对其他部门或阶段来说都会产生正的外部效应，在政府经济人假定条件下，正的外部性必然使整体监管效果要小于所需的最优监管效果。这是因为，政府多头监管机制或监管的条块分割易导致各监管部门权责不清，不仅降低了政府监管的效率，甚至还诱发政府的机会主义行为。因此，需要将这种外部效应内部化，建立一体化监管机制，明确监管体系中各自的权力和责任，减少各监管部门的机会主义行为，提高风险监管效率。

（3）可追溯监管机制

由于转基因作物风险的滞后性，难以检测当前风险监管或风险控制的效果，或是由于政策的不连续性，导致风险监管或风险控制过程中存在机会主义行为（不作为或是低质量作为），不利于风险防范和控制。因此，需要建立可追溯监管机制，实施风险监管或控制的终身责任制，确保风险监管和控制的长期性、连续性和系统性。

（4）惩罚与激励机制

一旦发现风险，对隐瞒风险信息的行为、诱发风险的行为以及风险监管不力的行为都要进行严惩，强化惩罚的威慑力。同时，对提供风险信息的社会公众进行多种形式的激励，以充分发挥社会公众的监督作用；对自觉防范风险的行为进行激励，提高风险控制效果。

第5章　转基因作物风险综合评价

5.1　评价指标体系的选择

5.1.1　评价指标体系选择的原则

为了保证转基因作物风险评价的科学性、合理性，使其能够充分地、客观地反映转基因作物应用的风险水平状况，选择综合评价指标体系应遵循以下原则。

（1）目标明确

目标明确是指标体系设计的出发点和根本，也是衡量指标体系是否合理有效的一个重要标准。指标体系应满足两个条件：一是要能够对评价对象的本质特征、结构及其构成要素进行客观描述；二是针对评价任务的需求，指标体系要能够支撑更高层次的评价准则，能为评价结果的判定提供依据。

（2）系统完备

指标体系应围绕评价目的，全面反映评价对象。为了保证评价结果能真实、全面地反映被评价对象，在设计指标体系时要把评价对象看成一个系统，从整体上去把握各个风险因素，全面、综合地反映被评价对象的整体情况，不能遗漏重要方面或有所偏颇。

（3）简明科学

在建立评价指标体系的过程中，通常存在评价指标体系过大或过小的问题。评价指标体系过大、指标层次过多、指标过细，就会降低每个指标的权重，那些关键指标就不能得到很好的反映，从而使评价不能体现整体性。而评价指标体系过大、指标层次过少、指标过粗，就不能全面反映转基因作物应用中的各种风险，而且在对转基因作物的整体风险水平进行主观打分的时候更加难以决定，使评价结果的模糊性增加。因此，要把一些简单精练而又说明问题本质的指标提炼出来，避免指标过于繁琐、个数过多，把握评价对象本质，增加评价的准确性。

（4）结构清晰

指标体系设置要有层次性、逻辑性，使其具有条理清楚、层次分明、逻辑性强的特点，从而便于指标体系在实践中推广应用，能清楚地表现评价对象在哪方面风险大，在哪方面风险小。

（5）协调一致

协调一致是指评价指标体系应与评价目标一致，评价指标体系中下一层次的指标与上一层次的指标相一致。也就是要求指标体系的风险因素要与评价对象协调一致，一级风险因素指标必须是由反映评价对象风险的主要因素构成，而下一层次的风险因素指标，必须是由反映上一层次风险因素指标的主要因素构成。

5.1.2 评价指标体系的确立

根据上文对我国转基因作物应用中潜在的风险表现的分析，我国转基因作物风险评价指标体系由四个方面组成：生态风险、健康风险、经济风险和社会风险（表 5-1）。生态风险是转基因作物的商业化种植对自然生态环境带来的负面影响，包括杂草化、对靶标生物的抗性问题、对非靶标生物的影响、新病毒与超级病毒的产生、对土壤生态系统的影响、对生物多样性的影响等；健康风险是人类食用转基因产品后对身体健康的影响，包括营养问题、毒性问题、过敏反应、对抗生素的抗性问题等；经济风险是转基因作物在应用中可能带来的经济损失、贸易风险等；社会风险是转基因作物应用对整个社会带来的冲击，包括对社会伦理道德的冲击和因知识产权缺失导致的社会不稳定。

表 5-1 我国转基因作物风险评价指标体系

总指标	一级指标	二级指标
转基因作物 应用风险	生态风险	杂草化
		靶标生物的抗性
		对非靶标生物的影响
		新病毒与超级病毒的产生
		对土壤生态系统的影响
		对生物多样性的影响
	健康风险	营养问题
		毒性问题
		过敏反应
		对抗生素的抗性问题
	经济风险	经济损失
		贸易风险
	社会风险	对社会伦理道德的冲击
		威胁社会稳定

5.2 评价模型的构建

5.2.1 模型构建的指导思想

任何评价工作的开展都需要有明确的指导思想，以避免评价报告的主观、模糊、没有说服力。人的行为是受人的主观意志支配的，人的思维方式影响人的行为方式。因此，将科学的思想方法渗入到评价工作中，对于评价结论的可行性是极其有利的。在我国转基因作物风险评价中应遵循以下指导思想。

（1）具有系统论的指导思想

事物之间是普遍联系的，任何事物都不是孤立存在的。所以在考察转基因作物时要综合全面分析转基因作物本身及其相关影响。转基因作物的应用必然与外界环境有着关联，与各种机构和其他技术关系密切，对转基因作物风险的分析应该是全面的、系统的。

（2）具有控制论的指导思想

尽管我们在评价时应尽量避免主观因素的作用，但是事物的前进发展离不开人的主观能动性。人的主观能动性在转基因作物风险评价中表现为人有意识地控制技术向有利于人类的方向发展。转基因作物风险评价的目的就是保证转基因技术的应用有利于农业和人类自身的整体发展，所以在转基因作物风险评价时有必要从宏观上控制和管理转基因技术。我们不仅要了解这项技术的未来发展趋势，还要预测这项技术应用后的影响范围程度，从而能够主动防止可能出现的各种问题，对社会发展起控制作用。所以在进行转基因作物风险评价时，要将客观规律性和人的主观能动性有机结合起来，作出正确的决策。

（3）具有可操作性的指导思想

只有理论和实践二者相结合，评价工作才具有实际意义。选择评价方法时既要考虑方法的科学性，又要考虑方法的实际可接受性。尤其是在模型构建过程中，要慎重考虑模型形式、构成指标、实现的可能性以及结果的可解释性。

5.2.2　模型构建的形式比较

目前常用的风险评价方法可分为三类：定性评价法、定量评价法以及定性和定量相结合的综合评价法。

5.2.2.1　定性评价法

（1）专家调查法

专家调查法就是通过对多位相关专家的反复咨询及意见反馈，确定影响某一特定活动的主要风险因素，然后制成风险因素估计调查表，再由专家和风险决策人员对各风险因素出现的可能性以及风险因素出现后的影响程度进行定性估计，最后通过对调查表的统计整理和量化处理获得各风险因素的概率分布和对整个活动可能的影响结果。

（2）情景分析法

情景分析法是对预测对象可能出现的情况或引起的后果作出预测的方法，其实质是一种向前展望和倒后推理，即构造出多种不同的未来情景（向前展望），然后确定从未来可能出现的各种情景到现在之间必须经历哪些关键的事件（倒后推理）（胡永宏、贺恩辉，2000）。其功能表现为四个方面：识别系统可能引起的风险；确定项目风险的影响范围，是全局性还是局部性影响；分析主要风险因素对项目的影响程度；对各种情况进行比较分析，选择最佳结果。

5.2.2.2 定量评价法

（1）概率分析法

概率分析法就是使用概率预测分析各种风险因素的不确定性变化范围的一种定量分析方法（陈衍泰等，2004）。其实质是在研究和计算各种风险因素的变化范围，以及在此范围内出现的概率、期望值和标准差的大小的基础上，确定各种风险因素的影响程度和整体风险水平。概率分析法作为风险分析的一种方法，在实际应用中，只考虑各种风险因素的综合影响结果，对具体风险因素并不作详细考察。

（2）决策树分析法

决策树分析法就是利用树枝形状的图像模拟来表述风险评价问题，整个风险评价可直接在决策树上进行，其评价准则可以是收益期望值、效用期望值或其他指标值。决策树由决策结点、机会结点与结点间的分支连线三部分组成。利用决策树分析法进行风险评价，不仅可以反映相关风险的背景环境，还能够描述风险发生的概率、后果以及风险的发展动态。

5.2.2.3 综合评价法

（1）层次分析法

层次分析法是美国数学家 T. L. Satty 在 20 世纪 70 年代提出的一种定性分析和定量分析相结合的评价方法，在经济学和管理学中得到了广泛应用（许树柏，1998）。层次分析法的基本思想是把复杂问题分解为若干层次，在最底层通过两两相比得出各因素的权重，通过由低到高的层层分析计算，最后计算出各方案对总目标的权数，为决策者提供决策依据。

（2）模糊综合评价法

在风险评价中，有些现象或活动界限是清晰的，有些则是模糊的。对于这些模糊的现象或活动只能采用模糊集合来描述，应用模糊数学进行风险评价。模糊综合评价法正是这样一种应用于概念的内涵是明确的，但外延是模糊的事项评估的方法（赵恒峰等，1997）。该方法能够对多种属性的事物，或者说，其总体优劣受多种因素影响的事物，作出一个合理地综合这些属性或因素的总体评判。在风险评价实践中，有许多事件的风险程度是不可能精确描述的，可以利用模糊数学的知识进行风险衡量和评价。模糊评价可以把边界不清楚的模糊概念用量化的方法表示出来，为决策提供支撑，是一种应用广泛的评价方法。其缺陷主要在于评价要素及其权重的确定具有主观性。

（3）灰色系统分析法

灰色系统分析法就是根据灰色系统的行为特征数据，充分利用数量不多的数据和信息寻求相关因素自身与各因素之间的数学关系，即建立相应的数学模型（邓聚龙，1987；刘思峰等，2000）。应用该方法进行风险评价的关键是建立灰色模型和进行灰色预测。灰色系统分析法作为定性分析与定量分析相结合的方法，采用非唯一性的求解途径，可广泛运用于层次较多、难以从定量角度建立精确模型的风险研究工作。

（4）蒙特卡罗法

蒙特卡罗法是指利用计算机，运用一系列随机数模拟项目风险概率分布的一种方法（王其荣、黄建，2006）。具体地说，是通过构造描述数学模型与计算机仿真得到相对较精确的风险概率分布的方法。该方法的实质是借助人对未来事件的主观概率估计及计算机模拟，解决难以用数学分析方法求解的动态系统不确定性的复杂问题。

（5）BP 神经网络法

BP 神经网络是一种误差反向传播的多层非线性人工神经网络，是神经网络模型中应用最广泛的一类（王宗军，1998）。它突破了单层神经网络不能进行复杂分类的限制，任意连续函数都可由一个 3 层 BP 网络逼近，利用 BP 网络的这种极强的映射能力、自学和自适应的特性，可以很好地解决风险评价中存在的动态和非线性问题。

BP 神经网络分为输入层、隐含层和输出层，隐含层可以有一层或多层。BP 算法的学习过程由正向传播和反向传播两个部分组成。在正向传播过程中，输入模式从输入层经过隐含层神经元的处理后，转向输出层，每一层神经元的状态只影响下一层神经元状态，如果在输出层得不到期望的输出，则转入反向传播，此时误差信号从输出层向输入层传播并沿途调整各层间连接权值和阈值，以使误差不断减小，直至达到精确的要求。该算法实际上是求误差函数的最小值，它通过多个样本的反复训练，并采用最快下降法使得权值沿着误差函数负梯度方向改变，并收敛于最小点。

各种方法在实际应用中各有其优缺点，本文针对转基因作物风险评价的特点，探讨了比较适用的若干评价方法（表5-2）。

表5-2　各种评价方法的比较

方法	评价
专家调查法	专家调查法的主观性太强，其使用需要具备对各种风险因素有深刻了解的专家或风险技术人员，对于比较复杂的对象系统的风险评价与对比的适用性不强。
情景分析法	情景分析法是一种直观的定性预测法，主观原因、随意性太强，而且操作过程比较复杂，预测成本较高。
概率分析法	概率分析法所要求的比较准确的概率分布是建立在相同条件下大量重复实验的基础上的，但转基因作物风险评价是一个比较新的领域，是不可能重复的，加之可供参考的历史资料和同行信息相当有限，这就使得概率分析中的各因素的概率分布函数的确定极其困难。如果利用概率分析法去估计风险程度，也只能依靠主观推断，最终得出的结果主观臆断性也较大。
决策树分析法	决策树分析法在实际应用中必须满足两个条件：一是能够定量描述各种事件的发生概率和结果；二是风险可能状态的数量应是有限的。这两个前提条件在实际中很难得到满足，从而使得决策树分析法的应用受到很大局限。而且，在应用过程中，该方法要求决策者必须考虑每一种可能状态，这会导致决策数量增加，降低决策效率。
层次分析法	层次分析法包含多种方案、多个评价因素，是一种定性和定量相结合的方法，特别适用于评价因素难以量化且结构复杂的评价问题。其主要优点是把其他方法难以量化的评价因素通过两两比较加以量化，把复杂的因素构成化解为一目了然的层次结构，使评价过程程序化，易于使用。
模糊综合评价法	模糊综合评价法是对受多种因素影响的事物作出全面评价的一种十分有效的多因素决策方法，其特点是评价结果不是绝对的肯定或否定，而是以一个模糊集合来表示。将模糊评价方法用于系统评价，可以综合考虑影响系统的众多因素，根据各因素的重要程度和对它的评价结果，把原来的定性评价定量化，较好地处理系统多因素、模糊性及主观判断等问题。
蒙特卡罗法	蒙特卡罗法注重对风险因素相关性的识别和评价，在模拟过程中对每个试验的随机性和独立性要求比较高，而且在实际运用中要想得到理想的概率分布曲线图，就必须进行很多次模拟，这就使其在解决实际问题的应用中受到局限。

（续表）

方法	评价
灰色系统分析法	灰色系统分析法经常采用统计分析中的相关分析等方法研究系统各因素之间的关联程度，这就需要大量的统计数据，计算量大，而且可能出现反常的情况。
BP 神经网络法	BP 神经网络在确定网络结构方面存在一定的难度，样本数据的合理性也需要仔细考虑；BP 算法虽然可以使权值收敛到某个值，但并不保证其为整个误差平面的全局最小值；中间隐含层的层数和单元数一般是根据经验或者通过反复试验确定的，尚无理论上的科学指导。

本研究拟将层次分析法和模糊综合评价法结合起来，即首先利用层次分析法进行分析，把一个复杂的多指标评价问题作为一个系统，按照因素间的相互关系影响，将总目标分解为多个分目标或准则，再分解为多指标的若干层次，确定指标体系中各个指标的相对权重，然后运用模糊综合评价方法建立多级模糊综合评价模型，将一些边界不清、不易定量的因素定量化，对转基因作物风险进行整体评价。

5.2.3　模型构建的过程

多级模糊综合评价的基本思想是把众多的因素划分为若干层次，使每层包含的因素较少，然后按最低层次中的各因素进行综合评判，一直到最高层，得出总的评价结果。

5.2.3.1　确定风险因素集和评语集

定义主因素层指标集为 $U = (u_1, u_2, \cdots, u_p)$，定义子因素层指标集为 $U_k = (u_{k1}, u_{k2}, \cdots, u_{kn})$，其中 $k = 1, 2, \cdots, p$；n 的值为第 k 个主因素所包含的子因素数目。

确定评语集，即在某一评价指标下，对评价对象给出的评定值：记为 $V = (V_1, V_2, \cdots, V_m)$，赋予评语集各元素以量值为 $V = (v_1, v_2, \cdots, v_m)$。

5.2.3.2　确定指标权重

在多指标综合评价中，权数的确定是一个基本步骤，权数值的确定直接影响着综合评价的结果。因而，科学地确定指标权数在多指标综合评价中具有举足轻重的地位。权重是以某种数量化形式对比、权衡被评价事物总体中诸因素相对重要程度的量值。它既是评价者的主观评价，又是指标本质的物理属性的客观反映，是主客观综合度量的结果。权重主要受两个方面的影响：一是指标本身在评价中的作用和指标价值的可靠程度；二是评价者对该指标的重视程度。

在信息残缺条件下，确定指标权重，只能借助专家的意见和知识。目前应用比较广泛的专家意见法有德尔菲法、环比赋权法和层次分析法。

（1）德尔菲法

德尔菲法是邀请 m 个专家对 n 个指标的权数进行估值，算出权数平均估值后计算绝对偏差，对绝对偏差较大的专家，需要进一步考虑重新作出一组估计值取代原来的估值。经过反复征询、归纳、修改，最后汇总成专家基本一致的看法，得到最后权数估计值。

（2）环比赋权法

环比赋权法是在设定指标体系 $X = \{x_1, x_2, \cdots, x_n\}$ 后，请专家给出从前往后依次移动的两个指标间的重要性比率，即给出 x_i 与 x_j 之间的重要性 $r_{i,j}$。

（3）层次分析法

层次分析法的基本模型是层次间存在递阶结构，从高到低或从低到高递进，即把整体评价指标对象细分为若干个子集，并分别对应层次结构的某个层位，从而构造出一个层次结构图，在两两比较的基础上确定层次间各因素的相对重要性。

本文采用层次分析法来确定指标权重，基本步骤如下：

①建立层次结构

建立层次结构是在弄清楚问题所包含的因素以及因素之间的相互关系的前提下，把这些因素分成若干层次，按照高层、中间层和最底层的顺序排列起来，并标明上、下层次因素间的关系，画出层次结构图。

②构造判断矩阵

在构造判断矩阵之前，通常要引入 Saaty 相对比较表作为指标两两比较的判断尺度和评价规则（表5-3）。

表 5-3　Saaty 相对比较表

判断尺度	评价规则
1	i 因素与 j 因素同等重要
3	i 因素比 j 因素稍重要
5	i 因素比 j 因素较重要
7	i 因素比 j 因素很重要
9	i 因素比 j 因素极重要
2，4，6，8	i 与 j 两因素重要性比较结果处于以上结果的中间
倒数	j 与 i 两因素重要性比较结果是 i 与 j 两因素重要性比较结果的倒数

有了指标间孰轻孰重的判断尺度，就可以针对高一层次某指标 A，在低层次内各指标间 B_1、B_2、$\cdots$、B_n 进行两两比较，将比较结果写成矩阵形式，构成判断矩阵，见表 5-4。

表 5-4　比较判断矩阵

A	B_1	B_2	$\cdots$	B_n
B_1	a_{11}	a_{12}	$\cdots$	a_{1n}
B_2	a_{21}	a_{22}	$\cdots$	a_{2n}
$\cdots$	$\cdots$	$\cdots$	$\cdots$	$\cdots$
B_n	a_{n1}	a_{n2}	$\cdots$	a_{nn}

③计算判断矩阵的特征向量

利用方根法求判断矩阵的最大特征根 λ_{max} 和特征向量 W，其中 W 为对应 λ_{max} 的特征向量，其分量 $W = （w_1，w_2，\cdots，w_n）$ 就是指标的权重。

④一致性检验

一致性检验是为了避免出现甲比乙重要、乙比丙重要、丙比甲重要的情形而进行的验证。根据矩阵理论，一致性的条件是：$CR = CI/RI < 0.1$。如果 $CR > 0.1$，则需对判断矩阵进行修改，直到有满意的一致性为止。

$$CR = CI/RI \text{ 式中，} CI = （\lambda_{max} - n）／（n-1），\lambda_{max} = \frac{1}{n}\sum_{i=1}^{n}\frac{(AW)_i}{W_i}，A$$

为判断矩阵；n 为矩阵阶数；W 为权重向量，λ_{max} 为最大特征根；RI 为随机一致性指标（表5-5）。

表5-5 随机一致性指标表

阶数（n）	1	2	3	4	5	6	7
RI	0	0	0.52	0.89	1.12	1.26	1.38

5.2.3.3 多级模糊综合评价

（1）一级模糊综合评价

一级模糊综合评价通常是在最低层次的因素间进行。设最低层次中的因素 U_{ij} 对评语集中第 k 个元素的隶属度为 γ_{ijk}，则最低层次的单因素评价矩阵为：$R_i = \left[\gamma_{ijk}\right]_{n \times p}$，其中：$i = 1, 2, \cdots, m$；$j = 1, 2, \cdots, n$；$k = 1, 2, \cdots, p$。

对于定性指标隶属度的确定，一般采用模糊评价统计的方法，由专家群体按评语集判断指标所属的等级，然后统计每一指标隶属于各等级的频数 m，各频数与专家总数的比值，即为各指标值的隶属度。也就是说，因素 U_{ij} 属于 V_k 的隶属度为：

$$\gamma_{ijk} = \frac{m_{ijk}}{n} = \frac{\text{评价对象的评价因素 } U_{ij} \text{ 在 } V_k \text{ 的数目}}{\text{专家的总数目}}$$

一级模糊综合评价集为：

$$B_i = W_i \cdot R_i = (w_{i1}, w_{i2}, \cdots, w_{in}) \cdot \left[\gamma_{ijk}\right]_{n \times p} = (b_{i1}, b_{i2}, \cdots, b_{ip})$$

其中，b_{ik} 表示按第 i 个因素的所有下层子因素进行综合评价时，评价对象对评语集中第 k 个元素的隶属度；w_{ij} 表示 U_i 中的第 j 个因素的权重。

（2）二级模糊综合评价

二级模糊综合评价集为

$$B = W \cdot R = W \cdot \begin{bmatrix} B_1 \\ B_2 \\ \cdots \\ B_m \end{bmatrix} = (b_1, b_2, \cdots, b_m)$$

其中：$W = (w_1, w_2, \cdots, w_n)$，$b_k$ 表示按所有因素进行综合评价时，

评价对象对评语集中第 k 个元素的隶属度，W_i 表示因素 U_i 的权重。

5.2.3.4　确定评价对象的结果

通常确定对象结果的方法有两种：一是最大隶属度原则；二是加权平均单值化法。相比最大隶属度原则，加权平均单值化法不仅能够将模糊向量变成白化值，增加判断的直观性和准确性，还能够通过比较多个同质总体值的大小进行排序，因而具有更广泛的适用性。因此，采用一次加权平均单值化法确定风险等级，得出风险评价结果。

在计算得出评价指标 b_i 的基础上，计算其风险评价因子 R_f：

$$R_f = v_1 \cdot b_1 + v_2 \cdot b_2 + \cdots + v_m \cdot b_m$$

5.3　转基因作物风险评价

5.3.1　数据来源

评价模型构建过程中指标权重和指标隶属度的确定都需要专家进行评判，因此，本研究采取问卷调查的形式，请专家对各评价指标的相对重要性和所属风险等级进行判断。为了保证问卷结果的科学性，问卷调查的对象涉及多方面的专家，既有来自中国农业科学院作物科学研究所、生物技术研究所、植物保护研究所、棉花研究所等从事转基因技术研究方面的专家，也有来自农业转基因生物安全委员会、农业部农业转基因生物安全管理办公室等对转基因技术进行安全管理的专家，还有来自中国农业科学院农业经济与发展研究所、农业资源与农业区划研究所等关注转基因技术发展、从事转基因技术应用政策研究的专家。此次问卷调查共发放 50 份，回收 41 份，其中有效问卷 38 份。

从专家的学科专业分布来看，生物化学与分子生物学学科的专家有 10 人，占有效问卷专家总人数的 25%；作物种质资源学学科的专家有 6 人，占有效问卷专家总人数的 16%；作物遗传育种学科的专家有 5 人，占有效问卷专家总人数的 13%；农业昆虫与害虫防治学科的专家有 5 人，占有效问卷专家总人数的 13%；植物病理学学科的专家有 4 人，占有效问卷专家总人数的 11%；生物安全学科的专家有 4 人，占有效问卷专家总人数的 11%；农业技术经济学科的专家有 2 人，占有效问卷专家总人数的 5%；植物保护学学科的专家有 1 人，占有效问卷专家总人数的 3%；农业资源与环境经济学学科的专家有 1 人，占有效问卷专家总人数的 3%，如图 5-1 和图 5-2 所示。

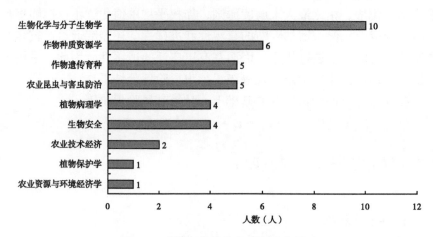

图 5-1　有效问卷专家的学科分布情况

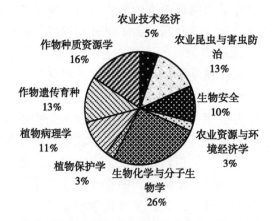

图 5-2　有效问卷专家的学科分布占有效问卷专家总人数的比例

从有效问卷专家所承担的课题来看，有 14 位专家主持或参与了"国家转基因重大专项"的研究，有 4 位专家主持或参与了"国家转基因生物新品种培育科技重大专项"的研究，有 3 位专家主持或参与了"转基因植物专项"的研究，有 2 位专家主持或参与了"国家转基因植物产业化专项"的研究，还有 15 为专家主持或参与了国家自然科学基金、"863"以及"973"等项目中与转基因有关的技术研发和风险评价等课题的研究（图 5-3）。当然，不排除这些专家承担的课题存在交叉的情况，即某些专家承担了其中 2 个或 2 个以上相关课题的研究。

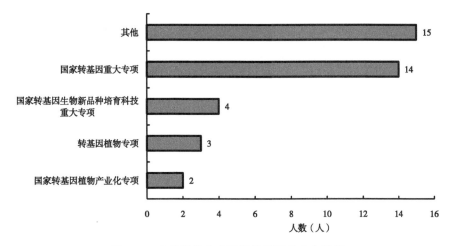

图 5-3 有效问卷专家承担的课题的分布情况

由此可见，本次问卷调查的专家涵盖了从转基因技术基础研究、应用研究到产品开发的各个方面。这些专家对转基因作物在应用中潜在的风险有较全面的了解，能够相对准确地判断指标的权重和指标的隶属度。因此，本部分使用的数据具有一定的科学性和客观性。

5.3.2 评价过程

第一步：确定因素集和评语集

根据转基因作物风险评价指标体系，确定其因素集 $U = (U_1, U_2, U_3, U_4)$。

其中　　　$U_1 = (U_{11}, U_{12}, U_{13}, U_{14}, U_{15}, U_{16})$
　　　　　$U_2 = (U_{21}, U_{22}, U_{23}, U_{24})$
　　　　　$U_3 = (U_{31}, U_{32})$
　　　　　$U_4 = (U_{41}, U_{42})$

根据我国转基因作物应用的实际情况及其相应风险评价的性质，本研究将评语集 V 定义为 5 个元素的集合，即 $V=$ {高风险、较高风险、中等风险、较低风险、低风险}，并赋予评语集各元素量值 $V=$ (5, 4, 3, 2, 1)。

第二步：计算指标权重

在构建判断矩阵时，每位专家给出一个判断矩阵，然后通过对所有判断矩阵中的相应元素求取简单算术平均值，作为最后判断矩阵的相应元素，得到最后的综合判断矩阵（表 5-6 至表 5-10）。

表 5-6 转基因作物风险评价各指标重要性比较（一级指标）

	生态风险	健康风险	经济风险	社会风险
生态风险	1.00	2.70	3.43	2.31
健康风险	0.37	1.00	3.77	3.40
经济风险	0.29	0.27	1.00	1.67
社会风险	0.43	0.29	0.60	1.00

$W=$ (0.453, 0.311, 0.127, 0.110)；

$\lambda_{max} = 4.071$；

$CR = 0.027$，满足一致性检验。

表 5-7 生态风险各指标重要性比较（二级指标）

	入侵危害	靶标生物的抗性	对非靶标生物的影响	新病毒与超级病毒的产生	对土壤生态系统的影响	对生物多样性的影响
入侵危害	1.00	2.39	1.63	2.01	1.24	2.02
靶标生物的抗性	0.42	1.00	1.84	2.01	1.63	1.92
对非靶标生物的影响	0.61	0.54	1.00	2.34	1.54	1.87
新病毒与超级病毒的产生	0.50	0.50	0.43	1.00	2.75	1.98
对土壤生态系统的影响	0.81	0.61	0.65	0.36	1.00	1.77
对生物多样性的影响	0.49	0.52	0.53	0.50	0.57	1.00

$W_1 =$ (0.309, 0.218, 0.179, 0.129, 0.099, 0.065)；

$\lambda_{max} = 6.409$；

$CR = 0.065$，满足一致性检验。

表 5-8 健康风险各指标重要性比较（二级指标）

	营养问题	毒性问题	过敏反应	对抗生素的抗性问题
营养问题	1.00	2.51	2.07	1.65
毒性问题	0.40	1.00	2.65	2.23
过敏反应	0.48	0.38	1.00	2.16
对抗生素的抗性问题	0.61	0.45	0.46	1.00

$W_2 = （0.394，0.286，0.183，0.137）$；

$\lambda_{max} = 4.106$；

$CR = 0.040$，满足一致性检验。

表 5-9 经济风险各指标重要性比较（二级指标）

	经济损失	贸易风险
经济损失	1	1.91
贸易风险	0.52	1

$W_3 = （0.581，0.409）$；

$\lambda_{max} = 2.05$；

对于二阶矩阵不需要进行一致性检验。

表 5-10 社会风险各指标重要性比较（二级指标）

社会风险	对社会伦理道德的冲击	知识产权缺失潜在威胁社会稳定
对社会伦理道德的冲击	1	2.06
知识产权缺失潜在威胁社会稳定	0.48	1

$W_4 = （0.59，0.41）$；

$\lambda_{max} = 2.06$；

对于二阶矩阵不需要进行一致性检验。

第三步：构建模糊评判矩阵

$$R_1 = \begin{pmatrix} 0.04 & 0.30 & 0.26 & 0.15 & 0.26 \\ 0.07 & 0.48 & 0.07 & 0.22 & 0.15 \\ 0.07 & 0.19 & 0.30 & 0.19 & 0.26 \\ 0.33 & 0.19 & 0.19 & 0.07 & 0.22 \\ 0.15 & 0.19 & 0.19 & 0.30 & 0.19 \\ 0.19 & 0.22 & 0.19 & 0.22 & 0.19 \end{pmatrix}$$

$$R_2 = \begin{pmatrix} 0.04 & 0.19 & 0.26 & 0.15 & 0.37 \\ 0.41 & 0.15 & 0.15 & 0.11 & 0.19 \\ 0.22 & 0.19 & 0.11 & 0.33 & 0.15 \\ 0.15 & 0.22 & 0.19 & 0.26 & 0.19 \end{pmatrix}$$

$$R_3 = \begin{pmatrix} 0.04 & 0.26 & 0.26 & 0.22 & 0.22 \\ 0.04 & 0.30 & 0.30 & 0.22 & 0.15 \end{pmatrix}$$

$$R_4 = \begin{pmatrix} 0.19 & 0.22 & 0.22 & 0.22 & 0.15 \\ 0.15 & 0.15 & 0.19 & 0.30 & 0.22 \end{pmatrix}$$

第四步：进行综合评价

$$B_1 = W_1 \cdot R_1 = (0.11 \quad 0.29 \quad 0.20 \quad 0.18 \quad 0.22)$$
$$= (b_{11} \quad b_{12} \quad b_{13} \quad b_{14} \quad b_{15})$$

$$B_2 = W_2 \cdot R_2 = (0.19 \quad 0.18 \quad 0.19 \quad 0.19 \quad 0.25)$$
$$= (b_{21} \quad b_{22} \quad b_{23} \quad b_{24} \quad b_{25})$$

$$B_3 = W_3 \cdot R_3 = (0.04 \quad 0.27 \quad 0.27 \quad 0.22 \quad 0.19)$$
$$= (b_{31} \quad b_{32} \quad b_{33} \quad b_{34} \quad b_{35})$$

$$B_4 = W_4 \cdot R_4 = (0.17 \quad 0.19 \quad 0.21 \quad 0.25 \quad 0.18)$$
$$= (b_{41} \quad b_{42} \quad b_{43} \quad b_{44} \quad b_{45})$$

因此, $B = W \cdot R = W \cdot \begin{pmatrix} B_1 \\ B_2 \\ B_3 \\ B_4 \end{pmatrix} = (0.13 \quad 0.24 \quad 0.21 \quad 0.20 \quad 0.22) =$

$(b_1 \quad b_2 \quad b_3 \quad b_4 \quad b_5)$

从而, $R = v_1 \cdot b_1 + v_2 \cdot b_2 + v_3 \cdot b_3 + v_4 \cdot b_4 + v_5 \cdot b_5 = 2.87$

5.3.3 评价结果简析

5.3.3.1 指标相对重要性分析

层次单排序，亦即权重，可以反映本层次各因素对上一层次某因素的相对重要性。

从一级指标的权重值来看（表 5-11），其排序依次为生态风险、健康风险、经济风险、社会风险。其中，生态风险的权重达到 0.453，说明在转基因作物风险中，生态风险由于覆盖面广，被认为是最重要、最需要关注的风险因素；健康风险涉及整个人类的生命安全，也是比较重要的风险因素；经济风险和社会风险的权重值较低，可能是由于目前我国转基因植物的产业化发展程度较低，对经济和社会的影响还没有完全显现。

表 5-11　一级指标层次单排序

总指标	一级指标	权重
我国农业转基因技术风险	生态风险	0.453
	健康风险	0.311
	经济风险	0.127
	社会风险	0.110

从生态风险二级指标的权重值来看（表 5-12），其排序依次为杂草化、靶标生物的抗性、对非靶标生物的影响、新病毒与超级病毒的产生、对土壤生态系统的影响、对生物多样性的影响。杂草化问题一直是生态环境安全评价关注的重点，对其研究也最多。在本研究中杂草化问题仍然被认为是生态风险中最重要的风险因素。靶标生物的抗性问题也是比较重要的风险因素，可能是由于早在化学农药使用之初就已经出现了靶标生物的抗性问题，而且一直是人们着力解决的难题，人们担心在转基因技术的应用中，靶标生物仍会对转入基因产生抗性。转基因作物对非靶标生物的影响以及可能引起新病毒与超级病毒的产生也越来越受到人们的关注，而对土壤生态系统和生物多样性的影响是一个间接的、长期的过程，在我国目前的产业化水平下，属于影响比较小的风险因

素，因而其权重值也最低。

表 5-12　生态风险二级指标层次单排序

一级指标	二级指标	权重
生态风险	杂草化	0.309
	靶标生物的抗性	0.218
	对非靶标生物的影响	0.179
	新病毒与超级病毒的产生	0.129
	对土壤生态系统的影响	0.099
	对生物多样性的影响	0.065

从健康风险二级指标的权重值来看（表5-13），其排序依次为营养问题、毒性问题、过敏反应、对抗生素的抗性问题。营养问题被认为是最重要的健康风险因素，可能是由于随着人们生活水平的提高，对食物品质的要求也越来越高。食物毒性虽然发生几率不高，但关系到生命安全，因而被认为是第二重要的健康风险因素。过敏反应和对抗生素的抗性的权重值均大于 0.1，表明二者也是健康风险中不容忽视的风险因素。

表 5-13　健康风险二级指标层次单排序

一级指标	二级指标	权重
健康风险	营养问题	0.394
	毒性问题	0.286
	过敏反应	0.183
	对抗生素的抗性问题	0.137

从经济风险二级指标的权重值来看（表5-14），经济损失指标的权重大于贸易风险指标的权重，表明相对于贸易风险，人们更关注由于转基因技术不完善所带来的经济损失，因为这直接影响转基因作物种植农户的经济利益。而贸易是针对一国整体而言，在当前我国转基因农产品出口规模很小的形势下，基于经济损失的考虑自然要多于贸易风险。

表 5-14　经济风险二级指标层次单排序

一级指标	二级指标	权重
经济风险	经济损失	0.581
	贸易风险	0.419

从社会风险二级指标的权重值来看（表5-15），对社会伦理道德的冲击指标的权重大于威胁社会稳定指标的权重，表明相对于知识产权引发的社会不稳定，人们更关注转基因技术对社会伦理道德的冲击，可能是由于我国社会公众知识产权意识比较淡薄，尚未形成完善的知识产权体系，而社会伦理道德与生活息息相关，容易受到人们的普遍关注。

表 5-15　社会风险二级指标层次单排序

一级指标	二级指标	权重
社会风险	对社会伦理道德的冲击	0.590
	威胁社会稳定	0.410

5.3.3.2　综合评价结果分析

从综合评价结果来看，综合评价值为 2.87，表明我国转基因作物应用的风险等级属于中等稍偏低的水平。这说明在我国推动转基因作物的商业化种植具有一定的可行性，面临的风险状况相对良好，但仍应对各风险因素引起重视，在大力发展农业转基因技术、积极推进转基因作物产业化生产过程中要制定相应的风险防范和安全管理措施。

第6章 转基因作物生态风险源系统分析

第 5 章的研究结果表明，生态风险是转基因作物风险中最重要、最需要关注的风险因素，接下来的两章（第 6 章和第 7 章）将着重对转基因作物生态风险进行分析。

转基因作物生态风险的发生依赖于一定的条件，涉及的影响因素众多，是一个复杂的系统。为了厘清这些因素与生态风险之间的相关关系，采用因果分析法找出转基因作物生态风险源的影响因素，然后再利用事故树分析法构建转基因作物生态风险事故树，对这些影响因素进行逐层深入的逻辑分析，找出转基因作物生态风险的关键控制点。

目前全球大规模商业化种植的转基因作物主要有转基因大豆、玉米、棉花和油菜，其中，耐除草剂和抗虫是主要目标性状。由于转基因作物风险特性受转入基因来源、基因特性、受体的影响，为了增强研究的针对性，更好地分析转基因作物生态风险以及相应的风险控制措施，本章选择抗虫和耐除草剂性状的转基因作物作为风险研究的对象。

6.1 特定转基因作物生态风险表现

6.1.1 抗虫转基因作物生态风险表现

抗虫转基因作物是利用基因工程将外源抗虫基因转入植物细胞，从而获得的自身具有抗虫性的作物。根据抗虫基因的来源，可分为转 Bt 抗虫基因作物、转植物源抗虫基因作物、转动物源抗虫基因作物和第 2 代抗虫基因作物四类（张永军等，2002；任璐，2003）。其中，转 Bt 抗虫基因作物是抗虫转基因作物研发中最为活跃的研究领域，也是目前唯一商业化种植的抗虫转基因作物。本研究将着重分析转 Bt 抗虫基因作物的生态风险。

转 Bt 抗虫基因作物商业化种植后，通过作物—害虫—天敌三级营养食物链、作物—害虫协同进化、昆虫共生、作物—土壤等生物之间的关系，会对生态环境中的生物和生态过程产生影响。目前，关于转 Bt 抗虫基因作物的生态安全性问题，靶标害虫抗性、对非靶标昆虫的影响、对土壤生态系统的影响等是关注的焦点。

6.1.1.1 靶标害虫抗性

协同进化理论指出，自然界生物间的协同进化或生物与非生物抑制因子间的对抗总会出现适应或被淘汰的结果。转 Bt 抗虫基因作物的商业化种植，也必然面临靶标害虫对抗虫作物的适应并产生抗性的问题。就靶标害虫抗性发展而言，一般选择压力越大，抗性发展得越快。转 Bt 抗虫基因作物所使用的 Bt 基因都是经过人工改造过的，能在作物整个生长期、作物各个部位持续高效表达单一的杀虫晶体蛋白，且这种杀虫晶体蛋白是已经具有活性的毒蛋白。靶标害虫在整个生长期都受到一种高浓度表达的 Bt 毒蛋白的选择，促使靶标害虫产生抗性（张永军等，2002；魏伟等，2002；程焉平，2002；沈晋良等，2004；张志刚等，2006；郭建英，2007；娜布其，2011，储成，2012）。室内抗性肽选表明，抗虫转基因作物的有效期为 15~20 年，此后抗虫转基因作物不再对靶标害虫具有抗性作用（张志刚等，2006；郭建英，2007）。虽然目前尚未发现靶标害虫对抗虫转基因作物产生显著抗性的现象，但自然界中的昆虫具有很强的适应能力，随着抗虫转基因作物大规模商业化种植，产生对抗虫转基因作物抗性增强靶标害虫群体是必然的趋势（娜布其，2011）。实验室抗性选育试验表明，蝇类、螟蛾类、甲虫等对 Bt 毒素产生了抗性（张永军等，2002；沈晋良等，2004）。温室环境试验表明，玉米螟对转 Bt 基因玉米产生了抗性（Huang et al，2006）。靶标害虫抗性的发展，不仅会削弱抗虫转基因作物本身的优势和效益，还可能导致化学农药或杀虫剂的大量使用，对生态环境产生负面影响。

6.1.1.2 对非靶标昆虫的影响

（1）对非靶标害虫的影响

转 Bt 抗虫基因作物表达的 Bt 毒蛋白的抗虫谱较窄，仅对某一种或几种靶标害虫具有毒杀作用，对非靶标害虫几乎没有抑制效果。例如，转 Bt 基因抗虫棉仅对棉铃虫、棉红铃虫等主要害虫具有抗性，对棉蚜、棉红蜘蛛、棉盲蝽、棉叶蝉、棉蓟马等次要害虫几乎不具有抗性。转 Bt 基因抗虫作物大规模商业化种植后，广谱性化学杀虫剂的施用量显著减少，使得非靶标害虫种群数量增加。在转 Bt 基因抗虫棉中就表现为蚜虫、棉红蜘蛛、棉盲蝽、棉叶蝉、棉蓟马等次要害虫成为棉田中的主要害虫（石宏等，2004；孔宪辉等，2004；李丽莉等，2004）。此外，转 Bt 基因抗虫作物的大规模商业化种植，还可能导致害虫寄主转移，即由于某种寄主类型发生改变，使某种害虫本来不偏爱这种寄主转变为偏爱这种寄主为食。具体表现为，转 Bt 抗虫基因作物的种植，使得对 Bt 杀虫蛋白敏感的害虫被大量毒杀，对 Bt 杀虫蛋白不敏感的害虫取代敏感害虫，相应的寄主也转移到转 Bt 基因抗虫作物上，从而使原来的次要害虫上升为主要害虫（程焉平，2002；张志刚等，2006）。

（2）对天敌昆虫的影响

转 Bt 抗虫基因作物对天敌昆虫的影响既包括取食作物时摄入的 Bt 毒蛋白的直接影响，也包括植食性害虫摄入 Bt 毒素后，其营养价值发生改变，对天敌产生不利影响所引起的间接作用（任璐，2003；高素红等，2003）。天敌昆虫分为捕食性天敌和寄生性天敌两类，受转 Bt 抗虫基因作物的影响有所差异。

①捕食性天敌昆虫。捕食性天敌昆虫，通常具有成虫兼性或专性取食植物的特点。如捕食性瓢虫、捕食蚜虫的食蚜蝇、草蛉科中的某些属成虫、捕食性蝽等既捕食作物上的害虫，也取食作物花粉或花蜜以及害虫蜜露或作物叶肉细胞（李保平等，2002；石宏等，2004）。因此，转 Bt 基因抗虫作物可能对捕食性天敌昆虫具有直接和间接两方面的毒杀作用。已有研究发现 Bt 毒蛋白增加了天敌死亡率，延长了其发育期（沈晋良等，1998）。

②寄生性天敌昆虫。寄生性天敌寄主专一性较强，由于作为寄主的靶标害虫中毒而使寄主质量和数量降低，如果没有适宜替代寄主存在，则寄生性天敌种群数必然减少（李保平等，2002；李丽莉等，2004）。此外，某些寄生性天敌幼虫或成虫需要取食寄主作物、作物花粉或花蜜，会直接受到 Bt 毒蛋白的影响，严重影响寄生性天敌昆虫的数量。如：转 Bt 基因抗虫棉田棉铃虫内寄生蜂的数量明显减少（崔金杰等，

1999；崔金杰，2004）。

（3）对其他非靶标昆虫的影响

①对经济昆虫的影响。家蚕和柞蚕是重要的经济昆虫，与目前转 Bt 基因抗虫作物靶标害虫同属鳞翅目。转 Bt 基因抗虫作物大规模种植后，花粉飘落到柞树或桑树上，可能对取食花粉的家蚕和柞蚕产生不良影响（李丽莉等，2004；郭建英，2007）。

②对传粉昆虫的影响。自然界大部分显花植物是虫媒花，需要蜜蜂等传粉昆虫进行传粉。转 Bt 基因抗虫作物大规模种植后，蜜蜂等传粉昆虫在传粉或取食花粉的过程中，可能受到花粉 Bt 毒素的影响（郭建英，2007）。

③对重要蝶类昆虫的影响。自然界中存在着某些稀缺物种或濒危物种，对生物多样性具有重要作用，如帝王斑蝶。已有研究发现，转 Bt 基因抗虫作物花粉对帝王斑蝶具有明显的副作用。转 Bt 基因抗虫作物的大规模种植可能会对帝王斑蝶种群构成威胁，影响生态系统中的生物多样性。

6.1.1.3　对土壤生态系统的影响

土壤生态系统由土壤矿物质、有机质、生物、水、空气等组成。转 Bt 基因抗虫作物对土壤生态系统的影响主要是通过影响土壤微生物、土壤酶活性、土壤养分和土壤动物，进而影响土壤生态系统中的物质流和能流的速度、强度及其循环和传递方式。

（1）对土壤微生物的影响

转 Bt 基因抗虫作物产生的杀虫晶体蛋白可以经由作物残茬、根系分泌物、花粉等进入土壤，被蒙脱石和高岭石等黏土矿物、腐殖酸和有机矿物聚合体等土壤表面活性颗粒快速吸附，并紧密结合。与土壤表面活性颗粒紧密结合的杀虫晶体蛋白不易被降解，在保持杀虫活性的同时，在土壤中长期残留，直接影响土壤微生物数量和多样性。此外，外源基因的转入通过改变作物组织的生理途径、分解速率和碳氮水平，通过与土壤微生物相互作用，使微生物的活动过程受到影响，从而改变土壤微生物的数量、种类和组成等（魏伟等，2002；石宏等，2004；王忠华，2005；赵清等，2006；郭建英，2007；李孝刚等，2011；娜布其，2011；乌兰图雅，2012；储成，2012）。

（2）对土壤酶活性的影响

转 Bt 基因抗虫作物产生的杀虫晶体蛋白可通过与土壤酶竞争土壤颗粒活跃表面的结合位点而对土壤酶活性产生影响（娜布其，2011）。

（3）对土壤养分的影响

由于外源基因的导入，可能改变转 Bt 基因抗虫作物对土壤养分的吸收和利用能力，也会改变作物根系分泌物的分泌量和组成成分，加之外源基因转移到土壤中后，可以直接或间接改变土壤微生物群落和土壤酶活性，进而可能改变相关土壤养分转化过程，最终破坏土壤养分循环和平衡（娜布其，2011）。

（4）对土壤动物的影响

土壤微生物的变化可影响到土壤动物的数量和分布，如：转 Bt 基因抗虫玉米影响土壤弹尾目昆虫的繁殖率，转 Bt 基因抗虫棉提高了土壤线虫的密度（郭建英，2007）。

6.1.2　耐除草剂转基因作物生态风险表现

所有除草剂都是通过干扰与抑制植物生长发育过程中的光合作用、细胞分裂、氨基酸、蛋白质及脂肪酸合成、叶绿素、激素及色素合成等代谢作用而产生除草效应，而这些代谢过程都是由植物体内不同的酶系统诱导，因此，基因工程就可以采用以下三种策略来获得作物的除草剂耐受性：①提高靶酶或靶蛋白基因的表达量，使作物吸收除草剂后，仍然能进行正常代谢作用；②产生对除草剂不敏感的原靶标异构酶或异构物；③产生可使除草剂发生降解的酶或酶系统（程焉平，2003；浦惠明，2003；吴发强等，2006；汪魏等，2010）。

耐除草剂转基因作物的商业化种植，对降低除草成本、提高除草效果、促进耕作制度变革起到了积极作用，但其环境安全问题也一直是生物技术和农业生产领域关注的焦点和热点。目前，人们关注的耐除草剂转基因作物潜在生态风险主要包括以下几个方面：①杂草化；②对非靶标生物的影响；③对土壤生态系统的影响；④对遗传多样性的影响。

6.1.2.1　杂草化

（1）转基因作物自身杂草化

耐除草剂转基因作物自身杂草化是指耐除草剂的作物在种植过程中

演化成杂草和自生苗的现象。对于那些本身具有杂草特性的作物，由于外源耐除草剂基因的导入，使作物的适合度提高，环境适应能力和生存竞争能力增强，可增加自身杂草化的风险。一旦出现耐除草剂转基因作物种子遗落的现象，可直接逸生成具有除草剂耐受性的自生苗或杂草，危害下茬作物（浦惠明，2003；强胜等，2010；汪魏等，2010；赵波等，2010；李云河等，2012）。如耐除草剂转基因油菜种子是小粒作物，具有休眠特性、常异花授粉、花粉传播能力强、无限花序、角果极易开裂、繁殖系数高、繁殖能力强、扩散速度快等特性，是自身较易"杂草化"的作物（浦惠明，2003；赵祥祥，2006）。加拿大耐除草剂转基因油菜田逸生的耐 3 种除草剂的转基因油菜，相邻小麦地里分布的耐除草剂转基因油菜自生苗，均已成为对相应除草剂不敏感的新型抗性杂草。此外，耐除草剂转基因作物与野生近缘种或杂草之间的基因交流，有可能导致作物中优良等位基因的不断丢失，从而使作物杂草性会不断增强（金银根等，2003）。

（2）野生近缘种杂草化

耐除草剂转基因作物与野生近缘种之间存在通过花粉扩散实现基因交流的可能性。如果耐除草剂外源基因成功逃逸到野生近缘种中并按一定频率固定下来，将提高其适合度，从而使野生近缘种演变成难以防治的杂草（宋小玲等，2004；卢长明等，2005；赵祥祥，2006；汪魏等，2010；李云河等，2012）。

（3）杂草抗性进化

杂草抗性进化主要有两个方面。一方面是转基因逃逸导致的杂草抗性进化。某些杂草本身就是作物的野生近缘种，存在与耐除草剂转基因作物杂交的可能性。一旦抗性基因成功逃逸到杂草中并不断累积，将使杂草对相应除草剂产生耐受性（姚红杰等，2001）。另一方面是除草剂高压选择导致的杂草抗药性。随着耐除草剂转基因作物的大规模种植，持续大量施用单一除草剂，在长期的选择压力下，杂草通过遗传变异产生抗药性（浦惠明，2003；金银根等，2003；李云河等，2012）。迄今已有黑麦草、小飞蓬、野塘蒿、长芒苋、牛筋草、豚草等 10 多种杂草对草甘膦产生了抗药性（赵波等，2012）。杂草的抗性进化会导致其迅速生长并不断扩展其分布空间，形成难以控制的"超级杂草"。

6.1.2.2 对非靶标生物的影响

耐除草剂转基因作物对非靶标生物的影响主要是基于食物链的级联效应。目前广泛使用的草甘膦、草铵膦等除草剂是一种灭生性除草剂，可杀死除耐除草剂转基因作物以外的几乎所有植物，进而对以田间杂草为食的动物种群产生影响（沈晓峰等，2007；赵波等，2012；黄芊，2013）。有报道指出，在大面积种植耐除草剂转基因作物的地区，除草剂的使用导致当地非转基因植物种群受到严重的破坏，植物个体的大量死亡导致当地一种以某种野生植物为食的蜗牛的数量锐减，同时也造成一种以该蜗牛为主要食物来源的鸟类濒临灭绝（汪魏等，2010）。

6.1.2.3 对土壤生态系统的影响

耐除草剂转基因作物对土壤生态系统的影响主要是通过除草剂和作物根系分泌物来实现的。一方面，随着耐除草剂转基因作物的大规模种植，长期施用一种或几种除草剂，导致除草剂在土壤中的残留增加，直接影响土壤微生物的生长和代谢。例如，大量喷施草甘膦，土壤中有益的固氮菌受到抑制，导致土壤固氮能力减弱，土壤肥力下降（沈晓峰等，2007）。另一方面，由于外源基因的导入，耐除草剂转基因作物的根系分泌物组分发生变化，进而对土壤微生物产生影响。例如，抗草甘膦转基因大豆根系分泌物中有更高量的氨基酸和碳水化合物，能够促进土壤中真菌数量的增长，增加作物患病的可能性（汪魏等，2010；赵波等，2012）。

6.1.2.4 对遗传多样性的影响

耐除草剂转基因作物对遗传多样性的影响主要是由基因污染引起的。所谓基因污染，是指转基因作物的外源基因通过某种途径转入并整合到其他的植物基因组中，造成自然界基因库的混杂和污染（赵祥祥，2006）。耐除草剂转基因作物中的外源基因逃逸到非转基因作物和野生近缘种中，由于基因渐渗，可能导致非转基因作物和野生近缘种中等位基因丢失，野生资源退化，进而造成遗传多样性的丧失（宋小玲等，2004；沈晓峰，2007）。此外，具有一定生态竞争优势的耐除草剂转基因作物的大规模种植，会导致非转基因作物和野生近缘种的减少，甚至灭绝，加剧遗传多样性的丧失（浦惠明，2003；李云河等，2012）。

6.2 转基因作物生态风险成因分析

6.2.1 因果分析法

因果分析法是综合采用简明线条将系统中产生事故的原因及造成的结果所构成错综复杂的因果关系加以全面标识的方法。用于表述事故发生的原因与结果关系的图形为因果分析图，又称特性要因图，因其性状像鱼刺，故也称为鱼刺图。这一方法原来主要用于全面质量管理方面。由于该方法具有主次原因分明、逻辑关系清晰、事故过程一目了然且容易掌握等特点，近几十年来，已被广泛地应用于安全工程领域的分析中，成为一种重要的事故分析方法。

因果分析图的绘制，遵循"针对结果，分析原因；先主后次，层层深入"的原则。首先，确定大要因，即确定要分析的某个特定问题或事故，写在右边，画出一条箭头指向大要因的主干；其次，确定中要因，即确定造成事故的因素分类项目；再次，确定小要因，即将中要因所对应的项目深入发展，确定中枝标示对应的项目的原因，通常情况下，一个原因画出一个枝，文字记在中枝线的上下；最后，将上述原因层层展开，一直到不能再分为止。在这个过程中，用特殊符号标识重要因素。

6.2.2 转基因作物生态风险影响因素的描述性分析

前文逐一分析了转基因作物大规模商业化种植后潜在的生态风险，但并没有对风险发生的条件作具体分析，下面将对影响转基因作物生态风险发生的因素进行详细介绍。

6.2.2.1 抗虫转基因作物生态风险影响因素

（1）靶标害虫抗性

影响抗虫转基因作物中靶标害虫抗性进化的因素主要有以下几个方面：①抗虫基因持续表达；②害虫个体特征；③害虫群体特征；④抗性遗传；⑤作物特征。其中：害虫个体特征包括害虫的生物学特性（即生理、生化、行为机制）和抗性个体的适合度；害虫群体特征包括自然种群抗性个体的初始频率、抗性和敏感个体的基因交流程度、种群的迁移性、世代周期长短；抗性遗传受遗传方式（显性遗传或隐性遗传）和遗传稳定性的影响；作物特征主要是指寄主作物的种类和时空分布情况（魏伟等，1999；张永军等，2002）。

（2）对非靶标昆虫的影响

抗虫转基因作物对次要害虫、天敌昆虫、经济昆虫、传粉昆虫、重要蝶类昆虫等非靶标昆虫的影响可分为直接影响和间接影响。直接影响是指昆虫取食转基因作物后受到 Bt 毒素的直接毒杀作用；间接影响是指由于靶标害虫的变化所引发的基于食物链的级联效应，或种植抗虫转基因作物后由于农业生产方式和农作习惯的改变所产生的影响。直接影响主要是针对经济昆虫、传粉昆虫、重要蝶类昆虫等而言的，取决于作物抗性水平和昆虫的生物学特性（即是否对 Bt 毒蛋白敏感），间接影响主要是针对次要害虫和天敌昆虫而言的，其中，对次要害虫的影响取决于农药施用习惯（施用量和施用次数）（石宏等，2004），对天敌昆虫的影响取决于作物抗性水平、害虫抗性水平、作物种植面积、天敌昆虫的食谱范围、寄主范围和迁移性等（李保平等，2002）。

（3）对土壤生态系统的影响

抗虫转基因作物对土壤生态系统的影响包括直接影响和间接影响。直接影响取决于土壤中 Bt 蛋白的活性波谱和累积量，间接影响则取决于作物蛋白和根际分泌物的组成（亦即转基因作物生物学特性）（储成等，2012）。其中，Bt 蛋白的累积量受到昆虫消耗、紫外线照射、微生物降解和矿化作用的影响（赵清等，2006）。

6.2.2.2　耐除草剂转基因作物生态风险影响因素

（1）杂草化

耐除草剂转基因作物的杂草化风险包括三个方面：转基因作物本身杂草化、野生近缘种杂草化和杂草抗性进化，各自的影响因素不同，下面将分别介绍。

转基因作物本身杂草化取决于：①作物的生物学特性，主要是指作物本身有无杂草特性，包括是否具有休眠特性、授粉类型和授粉率、花粉传播能力、花序类型、繁殖系数等；②种子落粒性（浦惠明，2003）；③外源基因是否提高了其生存适合度；④耕作制度。

野生近缘种杂草化的首要条件是基因流/抗性基因漂移的发生。外源耐除草剂基因能否通过基因流转移到近缘植物，从而导致其他植物产生抗性需具备以下条件：①亲和性，即转基因作物和近缘植物在生物学上有一定的杂交亲和性，且杂交后代能正常繁殖。②开花期和空间重叠，即空间上转基因作物和近缘植物分布重叠，相邻生长；时间上转基因作物和近缘植物花期相遇。③抗性基因稳定遗传，即杂交和回交后代能够繁育，有一定的生存适合度（浦惠明，2003；宋小玲等，2004；宋小玲等，2005；赵祥祥，2006；李云河等，2012）。基因流的发生主要通过两条途径：花粉传播和种子扩散。其中：花粉传播受到环境因子（风力、风向、降雨量、湿度）、传粉昆虫特征（种群大小、迁飞能力）、传播距离、农田（或种植）格局、传媒特性、农事活动方式等有关（金银根等，2003）；种子扩散的途径包括运输、雨水传带、鸟类传带、人为传带等。

杂草抗性进化包括转基因逃逸导致的杂草抗性进化和除草剂高压选择导致的杂草抗药性。对于转基因逃逸导致的杂草抗性进化，其影响因素类同于野生近缘种杂草化；对于除草剂高压选择导致的杂草抗药性则取决于除草剂施用强度（施用量和施用次数）和除草剂使用习惯（搭配使用和混用不同作用方式的除草剂）。

（2）对非靶标生物的影响

耐除草剂转基因作物对非靶标生物的影响是基于杂草—植食性动物—捕食性动物的食物链级联效应，取决于植食性动物和捕食性动物的食谱范围和迁移性等。

（3）对土壤生态系统的影响

耐除草剂转基因作物对土壤生态系统的影响取决于特定除草剂特性（对土壤微生物的影响）和作物根际分泌物组成（即转基因作物生物学特性）。

（4）对遗传多样性的影响

耐除草剂转基因作物对遗传多样性的影响：一方面是由于基因污染的发生，而基因污染是经由基因漂移实现的，所需条件和影响因素类同于杂草化中的基因漂移；另一方面是由于转基因作物入侵其他植物栖息地，转基因作物是否具有入侵性则取决于外源抗性基因的导入是否提高了作物的生存适合度，使其成为显性优势种群。

6.2.3 转基因作物生态风险因果分析图

根据上述对转基因生态风险影响因素的描述性分析，采用因果分析法，绘制出转基因作物生态风险因果分析图（图6-1）。在绘制过程中，考虑到抗虫转基因作物和耐除草剂转基因作物生态风险表现中有某些相似之处，在中要因分析中进行了适当归类。同时，为了增加因果分析图的简明、清晰度，在绘制过程中，执果索因仅追踪到小要因，影响小要因的因素暂且不提及。

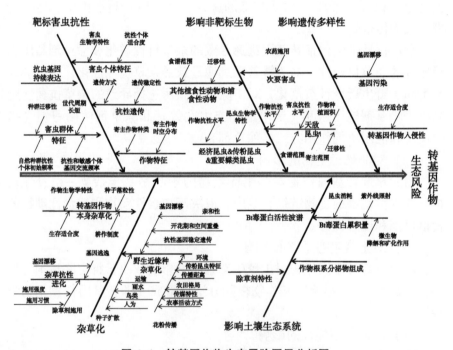

图 6-1　转基因作物生态风险因果分析图

6.3　事故树分析法

6.3.1　事故树分析法概述

6.3.1.1　事故树分析法的特点

事故树分析法（FTA）是一种用树形图来表示导致事故发生的各种原因之间的逻辑关系的演绎推理方法。事故树分析法在风险分析中之所以能得到广泛应用，就在于通过对事故树进行定性与定量分析，可以找出导致事故发生的主要原因，从而为确定安全对策、预防事故发生提供可靠依据。事故树分析法具有以下特点。

（1）从定性分析的角度来看，事故树作为一种图形演绎方法，围绕某特定的事故，按树状由总体至部分作层层深入的逐级细化分析，在清晰的事故树图形下，既能发现各基本事件（导致事故发生的原因）之间的内在联系，也能得到单元模块故障与系统事故之间的逻辑关系，弄清各基本事件影响事故发生的途径和程度，从而有助于发现系统的薄弱环节，提高系统的安全性。

（2）从定量分析的角度来看，根据基本事件的发生概率，可求出系统事故发生概率的大小，从而可以定量评价系统安全性。

6.3.1.2　事故树的符号及其意义

事故树是由各种事件符号和与其相连接的逻辑门组成的。各种事件是树的节点，逻辑门则是表示一个节点与其他节点连接性质的符号。

（1）事件符号

矩形符号：表示顶上事件或中间事件符号，需要进一步往下分析的事件。

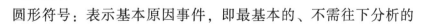

圆形符号：表示基本原因事件，即最基本的、不需往下分析的

事件。

屋形符号：表示正常事件，即系统正常状态下发挥正常功能的事件。

菱形符号：表示省略事件，即表示事前不能分析、或者没有再分析下去的事件。

（2）逻辑门符号

与门：表示输入事件 B_1、B_2 同时发生时，输出事件 A 才发生。

或门：表示输入事件 B_1、B_2 中，任何一个事件发生都可以使事件 A 发生。

条件与门：表示输入事件 B_1、B_2 不仅同时发生时，而且还必须满足条件 α，才会有输出事件 A 发生。

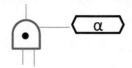

条件或门：表示输入事件 B_1、B_2 至少一个发生，在满足条件 β 的情况下，输出事件 A 才发生。

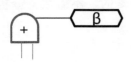

限制门：表示当输入事件 B 发生时，如果满足条件 γ，输出事件 A 才发生，否则没有输出。

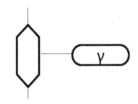

（3）转移符号

转入符号：表示在别处的部分树，由该处转入，三角形内记入向何处转出。

转出符号：表示这部分树由此转移至他处，三角形记入从何处转入。

6.3.2 事故树分析步骤和程序

6.3.2.1 事故树分析步骤

事故树分析包括 4 个步骤：①准备阶段；②事故树构建；③事故树分析（包括定性分析和定量分析；④结果总结与应用。其中：事故树构建是最关键的一环，在事故树构建过程中，首先需确定事故树的顶事件（顶事件的选择应优先考虑风险大的事件），然后根据引起顶事件发生的所有原因事件进行逐级分析，并厘清所有原因事件之间的逻辑关系，形成完整的事故树，最后合理简化事故树。

6.3.2.2 事故树分析程序

根据事故树分析步骤，可将事故树分析程序表示成如图 6-2 所示。

6.3.3 事故树的分析

事故树的分析包括定性分析、定量分析和基本事件重要度分析。其

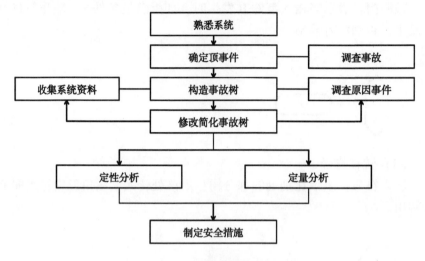

图 6-2　事故树分析程序

中：定性分析和定量分析主要是围绕事故树的最小割集或最小径集来展开的；基本事件重要度分析则包括结构重要度分析、概率重要度分析和临界重要度分析。下面将对应用比较广泛的定性分析和结构重要度分析作简单介绍。

6.3.3.1　事故树定性分析

（1）最小割集

最小割集是指那些可作为引起顶事件发生的充分必要条件的基本事件。最小割集的求法有多种，其中最为简单、应用较为普遍的是布尔代数化简法。具体方法为：按事故树的结构，由顶端事件开始，由上至下逐次用下一层事件代替上一层事件，写出该事故树以基本事件表示的布尔代数公式，然后，运用布尔代数运算规则，对公式进行简化，求出最小割集。在事故树分析中，最小割集的作用主要有两个方面：一是最小割集的多少，可表示系统的危险性，一般来说，最小割集越多，系统的危险性越高；二是最小割集可表示引起顶事件发生的各种原因组合。

（2）最小径集

最小径集是指那些可作为保证顶事件不发生的充分必要条件的基本事件。其求取方法与最小割集类似，只需根据对偶原理，将事故树变成成功树，再求成功树的最小割集，即为事故树的最小径集。在事故树分析中，最小径集的作用主要有两个方面：一是最小径集的多少，可表示系统的安全性，一般来说，最小径集越多，系统的安全性越高；二是最小径集可表示确保系统安全的方案组合。

由此可见，对事故树的定性分析，是通过对最小割集或最小径集的求解，以得到降低系统危险性的控制方向和预防措施，或选择确保系统安全的最佳方案。

6.3.3.2　结构重要度分析

结构重要度分析是分析各基本事件对引起顶事件发生的重要程度，其分析结果是一个相对值，用结构重要度系数的大小来表示。在结构重要度分析中，不考虑基本事件的发生概率，或假定各基本事件发生的概率相等。通常用最小割集或最小径集进行结构重要度分析，具体计算公式为：

$$I_{\phi(i)} = \frac{1}{K} \cdot \sum_{j=1}^{k} \frac{1}{n_j(j \in k_j)}$$

其中：K——最小割集总数；

$n_j(j \in k_j)$——基本事件 i 位于 k_j 的基本事件数；

$I_{\phi(i)}$——结构重要度系数。

6.4　转基因作物生态风险事故树分析

6.4.1　转基因作物生态风险事故树的建立

通过前文的分析，初步确定了转基因作物大规模商业化种植后可能存在的生态风险，以及产生风险的原因，现利用事故树分析原理，以转基因作物生态风险为顶事件，以靶标害虫抗性、杂草化、非靶标生物影响、遗传多样性影响、土壤生态系统影响为中间事件，推导导致风险发生的基本事件，并根据基本事件之间的逻辑关系，构造转基因作物生态风险事故树，如图 6-3 至图 6-6 所示。在转基因作物生态风险事故树中，包含 53 个基本事件，记为 x_1，x_2，$\cdots$，x_{53}。

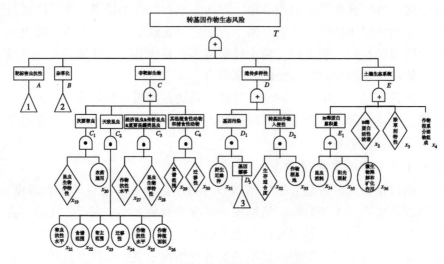

图 6-3 转基因作物生态风险事故树图

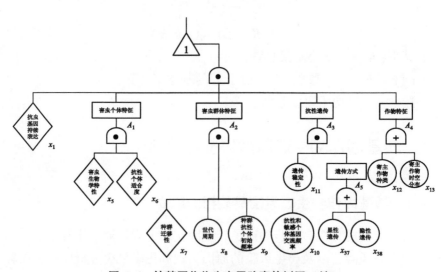

图 6-4 转基因作物生态风险事故树图（续）

6.4.2 结果分析

6.4.2.1 事故树的最小割集

上面的转基因作物生态风险事故树图表明了影响顶事件（转基因

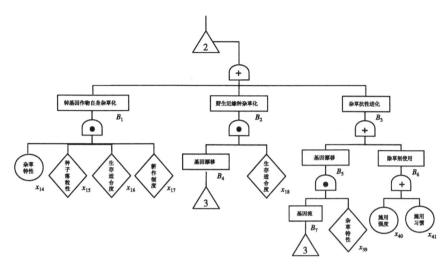

图 6-5　转基因作物生态风险事故树图（续）

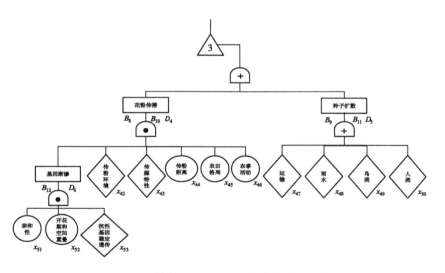

图 6-6　转基因作物生态风险事故树图（续）

作物生态风险）的 53 个基本事件的逻辑关系。通过布尔代数化简法求其最小割集，以确定转基因作物生态风险的危险性大小和各基本事件对顶事件的重要程度，为转基因作物生态风险的安全管理提供参考。

$$T = A + B + C + D + E$$

$$= (X_1A_1A_2A_3A_4) + (B_1+B_2+B_3) + (C_1+C_2+C_3+C_4) + (D_1+D_2) + (E_1+X_2+X_3+X_4)$$

$$= \cdots\cdots$$

$$= X_1X_5X_6X_7X_8X_9X_{10}X_{11}X_{12}X_{37}+X_1X_5X_6X_7X_8X_9X_{10}X_{11}X_{12}X_{38}+$$

$$X_1X_5X_6X_7X_8X_9X_{10}X_{11}X_{13}X_{37}+X_1X_5X_6X_7X_8X_9X_{10}X_{11}X_{13}X_{38}+X_{14}X_{15}X_{16}X_{17}+$$

$$X_{18}X_{42}X_{43}X_{44}X_{45}X_{46}X_{51}X_{52}X_{53}+X_{18}X_{47}+X_{18}X_{48}+X_{18}X_{49}+X_{18}X_{50}+$$

$$X_{39}X_{42}X_{43}X_{44}X_{45}X_{46}X_{51}X_{52}X_{53}+X_{39}X_{47}+X_{39}X_{48}+X_{39}X_{49}+X_{39}X_{50}+X_{40}+X_{41}+$$

$$X_{19}X_{20}+X_{21}X_{22}X_{23}X_{24}X_{25}X_{26}+X_{27}X_{28}+X_{29}X_{30}+X_{31}X_{42}X_{43}X_{44}X_{45}X_{46}X_{51}X_{52}X_{53}+$$

$$X_{31}X_{47}+X_{31}X_{48}+X_{31}X_{49}+X_{31}X_{50}+X_{32}X_{33}+X_2+X_3+X_4+X_{34}+X_{35}+X_{36}$$

该式完全展开后，得到 33 组最小割集。最小割集代表转基因作物生态风险发生的路径数量，表示系统的危险性大小。一般来说，最小割集数越多，表示危险性越高。最小割集中包含的基本事件数表明了系统的脆弱性。一般来说，最小割集中包含的基本事件数越少，系统脆弱性越强。通过计算，转基因作物生态风险系统 33 组最小割集中，一阶割集 8 个、二阶割集 16 个、四阶割集 1 个、六阶割集 1 个、九阶割集 3 个、十阶割集 4 个，说明转基因作物生态风险系统比较脆弱，发生的可能性较大。

6.4.2.2 结构重要度

各组割集由不同的基本事件组成，不同基本事件在 33 组最小割集中出现的频率反映该基本事件在转基因作物生态风险发生中的重要程度。由展开式可知，基本事件 X_{18}、X_{31}、X_{39} 出现了 5 组，基本事件 X_1、X_5、X_6、X_7、X_8、X_9、X_{10}、X_{11} 出现了 4 组，基本事件 X_{42}、X_{43}、X_{44}、X_{45}、X_{46}、X_{47}、X_{48}、X_{49}、X_{50}、X_{51}、X_{52}、X_{53} 出现了 3 组，基本事件 X_{12}、X_{13}、X_{37}、X_{38} 出现了 2 组，基本事件 X_2、X_3、X_4、X_{14}、X_{15}、X_{16}、X_{17}、X_{19}、X_{20}、X_{21}、X_{22}、X_{23}、X_{24}、X_{25}、X_{26}、X_{27}、X_{28}、X_{29}、X_{30}、X_{32}、X_{33}、X_{34}、X_{35}、X_{36}、X_{40}、X_{41} 出现了 1 组。通过计算事故树中各基本事件的结构重要度系数，初步得到转基因作物生态风险事故树中各基本事件的结构重要度顺序为：

$$I_{\phi(18)} = I_{\phi(31)} = I_{\phi(39)} > I_{\phi(1)} = I_{\phi(5-11)} >$$

$$I_{\phi(42-53)} > I_{\phi(12-13)} = I_{\phi(37-38)}$$

$$> I_{\phi(2-4)} = I_{\phi(14-17)} = I_{\phi(19-30)}$$

$$= I_{\phi(32-36)} = I_{\phi(40-41)}$$

6.4.2.3 转基因作物生态风险事故原因分析

根据转基因作物生态风险事故树的基本事件结构重要度分析可知，基本事件 X_{18}、X_{31}、X_{39}、X_1、X_5、X_6、X_7、X_8、X_9、X_{10}、X_{11}、X_{42}、X_{43}、X_{44}、X_{45}、X_{46}、X_{47}、X_{48}、X_{49}、X_{50}、X_{51}、X_{52}、X_{53} 的结构重要度系数较高，因此，认为转基因作物生态风险发生的原因主要有以下三个方面。

（1）基因流受体的存在以及本身所具备的特性，使外源抗性基因通过基因漂移实现基因逃逸成为可能。对于野生近缘种杂草化，当渗透进野生近缘种的外源抗性基因提高了其生存适合度（种子传播力增强、发芽率提高、根系生长势增强、繁殖能力增强、生活力提高）时，野生近缘种杂草化趋势随之增强。对于杂草抗性进化，如果杂草是转基因作物的近缘植物，基因逃逸的可能性非常大，杂草一旦获得外源抗性基因，必然对除草剂产生抗性，从而演化成"超级杂草"的概率大大增加。对于遗传多样性影响，基因污染的发生存在于两类植物，一类是非转基因作物，另一类是转基因作物的近缘植物。由基本事件结构重要度分析可知，转基因作物种植区域周边近缘物种的存在这类基本事件的结构重要度系数值最大，是导致转基因作物生态风险发生的最重要原因，或者说，只要满足这类条件，转基因作物生态风险发生的概率非常大。

（2）抗性基因在转基因作物中是否持续表达、靶标生物生物学特性以及抗性在靶标生物中的遗传稳定性，是导致转基因作物生态风险发生的第二大重要原因，这三者的存在是抗性进化发展的前提条件。尤其是对于抗虫转基因作物而言，抗虫基因在作物中的持续表达，靶标害虫抗性进化趋向，靶标害虫抗性稳定遗传，都会增加靶标害虫抗性进化风险。其中，靶标害虫抗性进化趋向包括个体趋向和群体趋向。从靶标害虫个体水平来看，受体与毒素特异性结合降低，"趋利避害"的行为习惯（如转移取食对象，包括转至其他非转基因作物上或基因表达量低的作物部位，抗性个体适合度增强）；从靶标害虫群体水平来看，自然种群抗性个体的初始频率高、抗性和敏感个体的基因交流程度频率、种群迁移性强、世代周期短，均会使靶标害虫对抗虫转基因作物产生抗性的风险增加。

（3）花粉传播和种子扩散是转基因作物基因漂移的两种途径，与其有关的基本事件是引发转基因作物生态风险的第三大重要原因。转基因作物在开花期的传粉条件越适宜（空气湿度小、受粉植物处于下风方向、风力大）、传粉昆虫传粉能力越强（昆虫群体大、昆虫迁飞能力强）、传粉距离越小、转基因作物种植规模越大，转基因作物基因漂移的频率就越高。此外，由于在生产、运输、贮藏过程中管理措施不完善，转基因作物种子可能通过运输工具或人的传带等人为因素发生扩散，也可能通过雨水、鸟类活动等自然因素发生扩散。这些基本事件在转基因作物基因漂移发生过程中起到了桥梁作用，促使转基因作物生态风险上升。

6.4.2.4 事故树的最小径集

将转基因作物生态风险事故树中的与门变或门，或门变与门，则事故树就变成了转基因作物生态风险控制的成功树。通过布尔代数化简法可求其最小径集，从而获得转基因作物生态风险控制的管理措施。

成功树最小径集的求解过程如下：

$$T' = A'B'C'D'E'$$
$$= (X'_1 + A'_1 + A'_2 + A'_3 + A'_4) \times (B'_1 B'_2 B'_3) \times$$
$$(C'_1 C'_2 C'_3 C'_4) \times (D'_1 D'_2) \times (E'_1 X'_2 X'_3 X'_4)$$
$$= \cdots\cdots$$

将上式完全展开后，可以获得成功树的最小径集有 864 000 组。

6.4.2.5 转基因作物生态风险应对措施分析

从上面对转基因作物生态风险事故树的最小割集和最小径集的求解可知，最小割集求解过程较简单，而最小径集的求解十分复杂，因此，对转基因作物生态风险控制措施的分析从最小割集着手，即从导致生态风险发生的原因着手，采取相应措施从源头控制或缓解风险的发生。

在上述分析的三大重要原因中，有些原因的作用机理尚不明了，如抗性基因是否提高了野生近缘种的生存适合度、靶标害虫的生理生化机制、自然种群抗性个体的初始频率、抗性和敏感个体的基因交流程度、种群迁移性、世代周期、抗性遗传稳定性等还有待深入研究；有些原因则可通过采取合理的措施加以调节。因此，根据转基因作物生态风险事故树的分析，为有效控制或缓解转基因作物潜在的生态风险，实现人类活动对自然生态系统的有利干预，主要从可控制的基本事件着手，重点加强以下几个方面的工作。

（1）转基因生物技术调控

①抗虫转基因作物。一是外源基因的结合和叠加使用，即将多个杀虫基因同时转入同一作物，提高转基因作物的抗虫能力和抗虫范围，延缓靶标害虫抗性的产生和发展（魏伟等，1999；凌芝等，2007；张谦等，2010）。二是外源基因的目标表达，即利用特异性启动子（抗虫基因仅在作物有效部位表达）和诱导型启动子（作物仅在受靶标害虫攻击时抗虫基因才会高效表达），实现外源基因特定时空表达，既能有效防治害虫，又能延缓害虫抗性的产生（魏伟等，1999；沈晋良等，2004；孔宪辉等，2004；张志刚等，2006；凌芝等，2007；张谦等，2010）。

②耐除草剂转基因作物。将外源目的基因转入转基因作物细胞质基因组，利用可恢复功能阻断技术（闭花受精、孤雌生殖）、终结者技术（雄性不育、种子不育）、可抑制性种子致死技术、诱导型启动子控制时间和组织特异表达（如在开花时阻止外源抗性基因表达）等避免基因漂移的发生，同时利用转基因弱化技术（使获得该外源抗性基因的杂草的适合度降低直至消亡）阻止基因漂移导致的杂草抗性发展（卢长明等，2005；赵祥祥，2006）。

（2）物理隔离

在转基因作物和潜在的基因受体植物（非转基因作物、野生近缘种）间设置隔离区和保护行，同时合理规划转基因作物种植区域和周边区域的作物种植时间，确保花期错开，控制基因漂移的发生，尽量防止外源基因通过花粉传播逃逸到其他植物上，减少转基因作物对常规非转基因作物和野生近缘种的影响（赵祥祥，2006；强胜等，2010；汪魏等，2010；李云河等，2012）。

（3）设置避难所/庇护所

避难所/庇护所主要是针对抗虫转基因作物的靶标害虫抗性而采取的防治策略，它是指在抗虫转基因作物附近种植一定面积的非转基因作物，为靶标害虫提供一个正常取食环境，保证靶标害虫敏感群体的存活，通过与潜在的抗性个体交配，抑制抗性基因频率增大，延缓靶标害虫的抗性发展（魏伟等，1999；沈晋良等，2004；凌芝等，2007）。

（4）优化农业耕作方式

一是实行作物轮作倒茬。抗虫转基因作物与非转基因作物的轮作，有助于靶标害虫种群对杀虫蛋白选择压力敏感性的恢复，从而延迟害虫抗性的发展（魏伟等，2009）；耐不同除草剂转基因作物的轮作，一方面可避免转基因作物"自生苗"问题，另一方面可通过施用不同除草剂，防止杂草对特定除草剂产生抗药性（姚红杰等，2001；卢长明等，2005；赵祥祥，2006；汪魏等，2010）。二是轮换使用或混合使用除草剂。通过轮换或混合使用不同类型的除草剂、对杂草作用位点复杂的除草剂及突变性的除草剂、作用机制不同的除草剂或同一除草剂的不同剂型，延缓耐除草剂作物转基因田中杂草抗药性的发展（姚红杰等，2001；强胜等，2010；汪魏等，2010；李云河等，2012）。

（5）加强安全管理

在转基因作物种植、收获、运输、贮藏过程中，加强操作管理，减少落粒，防止种子的人为扩散，从而控制自生苗和基因漂移风险的发生（卢长明等，2005；赵祥祥，2006）。

第7章 转基因作物生态风险等级测度

7.1 风险矩阵方法

7.1.1 风险矩阵方法的起源

"风险"一词出现较早，在早期的运用中，多将其理解为客观的危险，如自然现象或地震、台风等自然灾害事件。经过数百年的发展，风险一词的概念性越来越强，与人类的决策和行为后果联系越来越紧密，并随着人类活动的复杂性和深刻性而进一步深化。虽然关于风险的定义，目前还没有统一的标准，但其基本的核心含义是"未来结果的不确定性或损失"。在风险的表示方法上，通常将一个事件的后果和对应的发生可能性结合起来表示风险。

风险评估是随着风险的出现而产生的，是基于对风险内涵的深刻理解而进行的风险判断和认知活动。根据风险管理国际标准 ISO 31000 的定义，风险评估是风险识别、风险分析及风险评价的全过程。在风险评估过程中，需要确定 5 个基本问题：①风险因素及风险发生的原因；②风险发生的后果及影响程度；③风险发生的可能性；④减轻风险后果、降低风险发生可能性的因素；⑤风险等级的可容忍或可接受程度及应对措施。与此相应，关于风险评估方法的研究也集中于两个方面：一是对风险内涵的理解，二是解决风险评估过程中的 5 个基本问题。

1995 年 4 月，美国空军电子系统中心（Electronic System Center, ESC）的采办工程小组在开展采办项目的寿命周期风险评估和管理工作中，首次提出了风险矩阵方法，其基本思想是：从需求和可能两个方面出发，辨识分析武器装备采办过程中存在的风险，并按照风险的二维特性，综合考虑风险发生概率和风险影响程度，通过定性分析和定量分析，评估各风险因素对采办项目的影响（朱启超等，2003；刘国靖等，2004；赵鹏等，2005；党兴华等，2006；常虹等，2007；刘俊娥等，2007；陈健等，2008；白永忠等，2012；阮欣等，2013；张谛，2013）。风险矩阵方法测度作物风险等级是一种简单、易用的结构性方法，在项目风险评估中具有以下优点：

（1）将定性分析与定量分析相结合，操作简便。

（2）能够识别项目管理过程中存在的风险因素、计算或评估风险因素的发生概率和影响程度、确定风险等级，从而为预防、规避、转移、化解风险提供基础数据。

（3）是在特定评价准则基础上评估风险序列敏感性的方法，较好地综合了群体意见。

（4）贯穿于项目全周期过程，通过对项目发展各个阶段的风险评估，有助于实现对项目全周期过程的风险管理。

（5）可为进一步研究项目风险管理提供详细的历史记录。

（6）具有自动分类和列表的功能。

正是由于以上无可比拟的优点，风险矩阵方法自诞生以来，在美国空军电子系统中心得到了广泛应用，并在美国国防采办中受到高度重视，在应用实践中不断发展。目前，风险矩阵方法广泛应用于风险分析、风险管理和保护层设计及安全评估等活动中，国内的应用主要集中于采矿、设备维护与更新、自动化仪表可靠性分析等领域。

7.1.2 风险矩阵的形式

7.1.2.1 风险矩阵的数学模型

对任一风险进行定量分析时，主要是通过分析风险发生概率的大小和风险影响程度的大小来判断风险的重要性等级。如果以风险等级（Z）为因变量，风险发生概率（P）和风险影响程度（I）为自变量，则存在如下函数关系：$Z = f(P, I)$。

函数 f 可以采用矩阵形式，以自变量 $P(P_1, P_2, \cdots, P_n)$ 和自变量 $I(I_1, I_2, \cdots, I_n)$ 的取值各构建一个矩阵（风险发生概率矩阵和风险影响程度矩阵），则 $P \times I$ 构成一个 $m \times n$ 阶矩阵，即为风险等级二维矩阵。

7.1.2.2 风险矩阵的一般形式

风险矩阵一般由风险栏、风险影响程度栏、风险发生概率栏、风险等级栏和风险管理栏五部分组成，如表 7-1 所示。

表 7-1 风险矩阵示例

风险 R	风险影响程度 I	风险发生概率 P	风险等级 RR	风险管理 RM

（1）风险栏：识别、描述具体的风险。

（2）风险影响程度栏：评估风险因素潜在的影响程度大小。一般将风险影响程度分为五个等级：可忽略、微小、中度、严重、关键，如表 7-2 所示。

表 7-2 风险影响程度的说明

风险影响程度	解释说明
可忽略	一旦风险发生，几乎没有影响或影响可忽略，项目目标能完全达到
微小	一旦风险发生，项目受到的影响较小，项目目标仍能达到
中度	一旦风险发生，项目受到中度影响，项目目标仅部分达到
严重	一旦风险发生，项目的目标指标严重下降
关键	一旦风险发生，整个项目目标失败

（3）风险发生概率栏：评估风险发生的可能性，一般将风险发生概率水平按风险发生的可能性大小划分为五个级别：0~10%、11%~40%、41%~60%、61%~90%、91%~100%，如表 7-3 所示。

表 7-3 风险发生概率的说明

风险发生概率范围（%）	解释说明
0~10	极不可能发生
11~40	发生的可能性较小
41~60	有可能发生
61~90	发生的可能性较大
91~100	极有可能发生

（4）风险等级栏：将风险发生概率栏和风险影响程度栏的值输入风险矩阵则可确定风险等级，或者以风险影响程度为横轴、以风险发生概率为纵轴，在各自的属性区间内，以每个属性区间为1个步长组成确定风险等级矩阵。通常将风险等级分为低、中、高三级，如表7-4所示。

表7-4　风险等级对照表

风险发生概率	风险影响程度				
	可忽略	微小	中度	严重	关键
极不可能	低	低	低	中	中
较小可能	低	低	中	中	高
可能	低	中	中	中	高
较大可能	中	中	中	中	高
极可能	中	高	高	高	高

（5）风险管理栏：为预防、转移、规避、控制风险而制定的具体措施。

7.1.3　Borda 序值法

在风险矩阵中，对风险水平的描述往往是采用风险等级形式进行定性描述，而风险等级则是根据风险发生概率和风险影响程度来确定。一般而言，风险发生概率值和风险影响程度值是连续的，但为了获得风险等级的定性描述，只能对连续的风险发生概率值和风险影响程度值进行离散化归类。这样一来，风险发生概率、风险影响程度的连续性和风险等级定性描述的离散性，以及风险等级划分的有限性，必然导致风险结的出现。所谓风险结，是指处于同一风险等级、具有基本相同风险属性（风险发生概率和风险影响程度接近），还可以继续细分的风险因素集合。根据抽屉原理，当风险等级的分类数少于风险因素的数量时，风险评估结果中必然会出现风险结。

在复杂系统的风险评估中，当风险矩阵确定后，同一风险等级中分布着多个风险因素，但这些风险因素对系统的重要程度往往存在差异，加之资源的有限性，就必须对风险因素进行重要性排序，以确定最关键的风险因素，为风险管理提供指导，实现资源的优化配置，尽可能降低系统的风险。为此，ESC 的研究人员将排序式投票表决法（即 Borda 计数法）应用到风险矩阵中，提出了 Borda 序值法。

7.1.3.1　Borda 方法的基本原理

1770 年，法国数学家 Jean Charles de Borda 在其论文《论选举的形式》中对社会选择群决策过程中的简单多数表决制提出了质疑，认为它不能产生合理的决策；经过修订和改进，于 1784 年发表了同一主题的论文，首次提出了打分排序方法。该方法的基本原理是：由决策群体中各决策个体对方案集中的各方案进行优劣排序，将分值 $n-1$，$n-2$，$\cdots$，1，0 分别赋予排在第 1 位、第 2 位、$\cdots$、第 n 位的方案，计算各方案的得分总数（Borda 分），根据各方案的 Borda 分大小来确定决策群体对方案集的优劣排序。Borda 分即为 Borda 选择函数，其形式可表示为：

$$B(x_j) = \sum_{i=1}^{m} b_i(x_j), \quad (j = 1, 2, \cdots, n; \ i = 1, 2, \cdots, m)$$

其中：$b_i(x_j)$ 表示第 i 个决策个体对第 j 个方案的打分，m 表示决策群体总人数。

将所有的方案按 $B(x_j)$ 值的大小排序，即为方案集优劣排序结果。Borda 选择函数具有明确性、中性、匿名性、单调性、齐次性和 Pareto 最优性 [若每个决策个体都认为方案 i 优于方案 j（或方案 i 至少不劣于方案 j），则社会也应持同样的看法] 等优点，是一种重要的社会选择群决策方法，广泛应用于社会群决策问题中。

如果在群决策问题中，各决策个体的重要性存在差异，就需要对 Borda 选择函数进行修正。根据事先拟定的权重确定准则，对第 i 个决策个体赋予权重 λ_i，且满足 $\sum_{i=1}^{m} \lambda_i = 1$，$\lambda_i > 0 (i = 1, 2, \cdots, m)$。则 Borda 选择函数为：

$$B(x_j) = \sum_{i=1}^{m} \lambda_i b_i(x_j), \quad (j = 1, 2, \cdots, n; \ i = 1, 2, \cdots, m)$$

7.1.3.2　Borda 序值法

在风险矩阵分析中，Borda 序值法是根据相关评价准则将风险集中的风险因素按照重要性进行排序。由于风险矩阵中有且只有风险发生概率和风险影响程度两个准则，因此，Borda 序值法是结合风险发生概率序列和风险影响程度序列对风险因素的排序。具体算法为：

$$B(x_j) = (N - NP_j) + (N - NI_j), \quad (j = 1, 2, \cdots, n)$$

其中：N 表示风险集中风险因素的总数。x_j 为某一个特定风险因素；NP_j 表示风险发生概率大于风险因素 x_j 的风险因素个数，即风险发生概率序值；NI_j 表示风险影响程度大于风险因素 x_j 的风险因素个数，即风险影响程度序值；风险发生概率序值和风险影响程度序值的和即为风险序值。

计算出 Borda 值 $B(x_i)$ 后，某一风险因素的 Borda 序值则为大于该 Borda 值所对应的风险因素的个数，即某一风险因素的 Borda 序值表示重要性更优的风险因素的个数。如果风险因素 x_i 的 Borda 序值为 0，说明风险集中不存在比风险因素 x_i 重要性更优的风险因素，也就是说，风险因素 x_i 在风险集中的重要性最高。因此，要想得到风险由高到低的重要性序列，只需将 Borda 序值按从小到大的顺序排列即可。

Borda 序值法在风险矩阵应用中的优点表现在（朱启超等，2003；赵鹏等，2005）：①与风险等级二维矩阵相比，大大减少了同一风险等级中的风险结所包含的风险因素个数。②Borda 序值的确定仅需要风险发生概率和风险影响程度的原始输入，不需要其他的主观定性评估，更具有客观性。③Borda 序值能够对风险因素进行跨风险等级的重要性评定。如某一风险因素 x_i 的风险等级要高于另一风险因素 x_j，但其 Borda 序值并不一定高于风险因素 x_j。④对于某一风险因素，可以根据 Borda 序值对风险发生概率和风险影响程度进行敏感性分析，以衡量对于某一特定风险因素风险发生概率和风险影响程度对风险等级的重要性，并指出在发生概率和影响程度两方面进行风险控制时的优先序。

7.2 风险矩阵方法的适应性改进

7.2.1 风险等级划分

风险等级是由风险发生概率和风险影响程度共同决定的。在风险矩阵的一般形式中，风险发生概率依据风险发生的可能性大小划分为 0~10%、11%~40%、41%~60%、61%~90% 和 91%~100% 五个级别，呈 M 形分布，符合风险发生概率分布的一般规律。风险影响程度依据影响程度高低划分为可忽略、微小、中度、严重和关键五个等级，具有良好的区分度，符合人们的思维习惯，并能满足风险管理的实际需要。但依据两者确定的风险等级仅划分为低、中、高三个等级。相对于风险发生概率和风险影响程度的 5 个级别而言，风险等级的划分过于简单、笼统，具有区分度不高和区分不准确的劣势和不足，而且，这样的风险等级划分易导致风险评估中的风险结问题，不利于风险因素重要性排序，不能很好地给风险管理决策提供参考。为了提高风险矩阵方法在风险评估中的精确性和合理性，有必要对风险等级划分进行改进，以提高风险等级的区分度和精确度，为此，将风险等级划分为五个等级尺度：低、较低、中等、较高、高，如表 7-5 所示。

表 7-5　改进的风险等级二维矩阵

风险发生概率	风险影响程度				
	可忽略	微小	中度	严重	关键
极不可能	低	低	较低	中等	中等
较小可能	低	较低	中等	中等	较高
可能	较低	中等	中等	较高	高
较大可能	中等	中等	较高	较高	高
极可能	中等	较高	较高	高	高

7.2.2　模糊评价集量化

利用风险矩阵方法进行风险评估的一项最重要内容就是定量化风险分析，其中，最关键的部分就是确定风险发生概率和风险影响程度这两个变量的值。如果经验数据比较充足，则可以通过对大量统计数据进行分析，构建风险模型而确定变量值；如果经验数据不足，或者资料不充分，则只能依赖于人的主观估计。相应的风险矩阵方法有两种：一是适用历史数据序列完整或大量统计数据可获得的序列分析法；二是适用于历史数据或统计数据不足的专家调查法。

对于转基因作物生态风险评估而言，其发展时间较短，缺乏历史数据，没有参照对象，与其他风险评估不具有可比性，并且转基因作物生态风险涉及的风险因素均为定性指标，难以进行定量描述，所以对风险发生概率和风险影响程度的确定均采用专家调查法。

在风险矩阵中，对风险发生概率水平、风险影响程度范围、风险等级尺度的描述都是自然语言的定性描述。如果直接在此基础上采用专家调查法，则面临着专家偏好不一致所导致的评价结果不确定性和模糊性。有学者提出将风险发生概率和风险影响程度各取 5 级计分（孙垦等，2011），按从小到大的等级依次赋分 1~5 分，或取其区间值（党兴华等，2006），再组织专家在这一确定的标准下进行打分，构建风险评价矩阵，以进行风险定量分析。但事先过于明确的赋值标准与专家主观模糊判断的实际不符，降低了风险评估结果的可信度。因此，将专家定性评估和结果定量处理结合起来，将是风险矩阵方法中一项有必要的改进，其基本思想是：以模糊集合论为基础、以专家定性评估为核心，运用隶属函数和多值逻辑进行风险评估。具体方案为：由专家使用模糊评语对风险发生概率和风险影响程度进行评估，通过模糊评估的截集运算量化风险发生概率值和风险影响程度值，从而确定风险等级值，最后使用模糊数间的语义距离将量化的风险等级值还原为自然语言的定性描述。在这一过程中，关键的问题是模糊评语的量化和定量结果的语义还原。

7.2.2.1　模糊评价集

根据风险矩阵中运用模糊语言对风险发生概率、风险影响程度和风险等级的描述，三者对应的模糊评价集为：

$$H_p = \{极不可能，较小可能，可能，较大可能，极可能\}$$
$$H_i = \{可忽略，微小，中度，严重，关键\}$$
$$H_{rr} = \{低，较低，中等，较高，高\}$$

当用三角模糊数表示时，其隶属函数如图 7-1 所示，和 α-截集间的对应关系如表 7-6 所示。

7.2.2.2　专家信任度

由于从事的研究领域不同，专家对转基因作物生态风险中各风险因素的发生概率和影响程度的评估也有所不同，亦即不同的专家在评估不

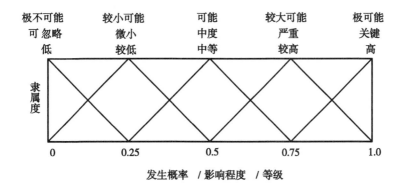

图 7-1　H_p、H_i、H_{rr} 的隶属函数图

表 7-6　模糊评语的三角模糊数及 α-截集表示形式

模糊评语			三角模糊数	α-截集
H_p	H_i	H_{rr}		
极不可能	可忽略	低	(0, 0, 0.25)	$[0,\ 0.25-0.25\alpha]$
较小可能	微小	较低	(0, 0.25, 0.50)	$[0.25\alpha,\ 0.50-0.25\alpha]$
可能	中度	中等	(0.25, 0.50, 0.75)	$[0.25+0.25\alpha,\ 0.75-0.25\alpha]$
较大可能	严重	较高	(0.50, 0.75, 1.00)	$[0.50+0.25\alpha,\ 1.00-0.25\alpha]$
极可能	关键	高	(0.75, 1.00, 1.00)	$[0.75+0.25\alpha,\ 1.00]$

同风险因素时的相对重要程度往往是不同的，因此，有必要对专家评估的相对重要程度进行判断。本研究通过建立专家信任度矩阵（W），亦即专家权重，来平衡不同研究领域专家对评估结果的影响，使评估数据尽可能的客观和科学。专家信任度矩阵（W）是一个由 m 位专家（行）、n 类风险（列）组成的 $m \times n$ 阶矩阵，任意 w_{ij} 表示第 i 位专家在评估第 j 类风险发生概率和影响程度的相对重要程度，且满足 $\sum\limits_{i=1}^{m} w_{ij} = 1$。专家权重（$w_{ij}$）的确定可通过层次分析法（APH）求出。

7.2.2.3 风险发生概率的确定

风险发生概率的确定包括定性分析和定量分析两个步骤。在定性分析阶段，由专家使用模糊评价集 H_p 构建专家模糊评估矩阵 $[P_{ij}]$。$[P_{ij}]$ 由 m 位专家（行）、n 类风险（列）组成，任意 p_{ij} 表示第 i 位专家对第 j 类风险发生概率的模糊评估。在定量分析阶段，则是将专家的模糊评估通过模糊数的截集运算，得到风险发生概率综合评估矩阵 $[P_{综合}]$。在定量分析过程中，由于专家研究领域不同，其决策偏好往往存在差异。此时，可采用专家信任度修正评估结果，以消除由决策偏好导致的评估偏差。则：$[P_{综合}] = [P_1, P_2, \cdots, P_n]$，其中，$P_j = \sum_{i=1}^{m} w_{ij} p_{ij}$。此时的 P_j 仍为三角模糊数，需要对其进行解模糊化。本研究采用 Lee 和 Li 的比率分配法计算 P_j 的精确值。具体计算过程如下：假设 P_j 三角模糊数为 (l, m, n)，则解模糊化后的 $P_j = \frac{1}{4}(l + 2m + n)$，即为 P_j 的精确值。

7.2.2.4 风险影响程度的确定

风险影响程度的确定与风险发生概率的确定基本类似，也由定性分析和定量分析两个步骤组成。在定性分析阶段，由专家使用模糊评价集 H_i 构建专家模糊评估矩阵 $[I_{ij}]$。在定量分析阶段，则是将专家的模糊评估通过模糊数的截集运算求出风险影响程度的量化值，并采用专家信任度修正评估结果，得到风险影响程度综合评估矩阵 $[I_{综合}]$。$[I_{综合}] = [I_1, I_2, \cdots, I_n]$，其中，$I_j = \sum_{i=1}^{m} w_{ij} i_{ij}$。然后根据 Lee 和 Li 的比率分配法计算 I_j 的精确值。

7.2.2.5 风险等级的确定

风险等级，或风险当量是风险评估的关键指标，通常由风险发生概率值和风险影响程度值的乘积度量。根据风险发生概率综合评估矩阵和风险影响程度综合评估矩阵，可以得到风险量矩阵 $[RR]$。$[RR] = [P_1 \times I_1, P_2 \times I_2, \cdots, P_n \times I_n]$，任意 RR_j 表示第 j 类风险的风险当量，可以表示第 j 类风险在整个风险系统中的影响大小。

为了修正调查样本有限导致的观测值与期望值的偏差，引入方差理论，同时考虑到风险发生概率和风险影响程度对风险等级的贡献度存在差异，引入概率系数和影响程度系数，对风险等级的确定准则进行改进，将任意风险因素的风险当量表示为：$RR_j = \sqrt{mP_j^2 + nI_j^2}$。

7.2.2.6 评估结果还原

在风险发生概率、风险影响程度、风险等级的确定过程中，可以得到相应的模糊数形式和精确值，但这两种表述均不符合人们的思维习惯，需将其还原为自然语言定性描述。本研究根据 Dubois 和 Prade 的两集合间的欧几里得距离，以及 Ross 提出的改进欧几里得方法，采用间接方法计算模糊数间的语义距离，以明确定性表述的风险等级。

假设 P_j、I_j 的三角模糊数分别为 (l_1, m_1, n_1)、(l_2, m_2, n_2)，$RR_j = \sqrt{mP_j^2 + nI_j^2}$，风险等级模糊评语集 H 的三角模糊数为 (l_3, m_3, n_3)。根据语义距离公式，模糊数 P_j、I_j、RR_j 与 H 之间的距离分别为：

$$d_P = \sqrt{(l_1 - l_3)^2 + 2(m_1 - m_3)^2 + (n_1 - n_3)^2}$$

$$d_I = \sqrt{(l_2 - l_3)^2 + 2(m_2 - m_3)^2 + (n_2 - n_3)^2}$$

$$d_{RR} = \sqrt{\left(\sqrt{ml_1^2 + nl_2^2} - l_3\right)^2 + 2\left(\sqrt{mm_1^2 + nm_2^2} - m_3\right)^2 + \left(\sqrt{mn_1^2 + nn_2^2} - n_3\right)^2}$$

计算出模糊数 P_j、I_j、RR_j 与评语集 H 中各个评语的距离，取其最小者，即可得到风险发生概率、风险影响程度、风险等级的定性表述。

7.2.3 风险权重确定

对于某个系统风险而言，总是包含着多个风险因素，但不同风险因素对系统的重要程度往往是不同的。在风险矩阵的一般形式中，仅仅对单一风险因素进行评估，没有考虑单个风险因素对整个系统的影响，存在着很大的局限性和不足。因此，有必要增加风险权重评估项，以确定各风险因素的相对重要程度。风险权重的确定可以采用德尔菲法、环比赋权法、层次分析法等方法，本研究采用层次分析法（APH）来确定各风险因素的权重。

7.2.4 风险综合性评估

在风险矩阵的一般形式中，可以得到单一风险因素的风险等级，但没有综合衡量各风险因素共同造成的影响，即没有对总体风险水平进行评估。为了从全局角度更好地判断风险水平，提高风险决策和风险控制的合理性，需要增加对总体风险水平的评估。将风险矩阵中各风险因素的风险等级量化值乘以各自的风险权重，再累加，即可得出总体风险量化值。即

$$RRT = \sum_{i=1}^{n} RR_i \times RW_i$$

将量化值还原为自然语言，即可得到总体风险等级。

7.2.5 风险贡献率

风险贡献率是指具体风险因素在综合风险中的贡献程度，可表述为：任一具体风险因素风险等级量化值与对应的权重的乘积在综合总体风险水平中所占的比例，即

$$RC_j = \frac{RR_j \times RW_j}{RRT}$$

7.3 基于改进风险矩阵的转基因作物生态风险等级测度——以转 Bt 基因棉花为例

转基因作物生态风险发生概率和影响程度大小受到基因来源、目的基因性状、受体生物特征等影响，因此，在风险评估中遵循"个案分析"原则。本文选取国内已大规模商业化种植的转 Bt 基因棉花进行转基因作物生态风险等级测度研究。

7.3.1 风险识别

根据第 6 章的分析，转 Bt 抗虫基因作物的生态风险主要包括靶标害虫抗性、对非靶标昆虫的影响、对土壤生态系统的影响等。具体到转 Bt 基因棉花，其靶标害虫主要是棉铃虫和红铃虫，非靶标昆虫影响包括对非靶标害虫、捕食性天敌、寄生性天敌的影响。因此，转 Bt 基因棉花生态风险因素集 $R = (R_1, R_2, R_3, R_4, R_5, R_6)$，其中：$R_1$ 表示棉铃虫抗性风险，R_2 表示红铃虫抗性风险，R_3 表示对非靶标害虫的影响，R_4 表示对捕食性天敌的影响，R_5 表示对寄生性天敌的影响，R_6 表示

对土壤生态系统的影响。

7.3.2　数据来源

在转基因作物生态风险等级测度中，各类风险因素发生概率和风险影响程度以及各风险因素权重都需要专家进行评判。本文采用问卷调查的形式，请专家对各风险因素的发生概率、影响程度、相对重要性进行判断。为了保证问卷结果的科学性，问卷调查的对象涉及不同领域的专家，既有来自中国农业科学院作物科学研究所、生物技术研究所、植物保护研究所、棉花研究所等从事转基因作物研究方面的专家，也有来自农业转基因生物安全委员会等从事转基因作物安全评价工作的专家。其中，农业转基因生物安全委员会的专家涉及转基因作物研究、生产、检验检疫、环境保护、技术经济、农业技术推广等领域。这些专家对转基因作物在应用中潜在的风险有较全面的了解，能够相对准确地判断各风险因素的相对重要性和风险属性。因此，本部分使用的数据具有一定的科学性和客观性。此次问卷调查共发放问卷 50 份，回收 41 份，其中有效问卷 36 份，有效率达到 72%。

7.3.3　转 Bt 基因棉花生态风险矩阵栏的设计

根据转基因作物生态风险等级测度的需要，经过对原始风险矩阵的改造，设计出的应用于转 Bt 基因棉花风险评估的风险矩阵模型如表 7-7 所示。

表 7-7　转 Bt 基因棉花风险评估矩阵

风险 R	风险发生概率 P		风险影响程度 I		风险等级 RR		Borda 序值	风险权重 RW	总体风险水平	
	等级	量化值	等级	量化值	等级	量化值			等级	量化值
棉铃虫抗性 (R_1)										
红铃虫抗性 (R_2)										
非靶标害虫影响 (R_3)										
捕食性天敌影响 (R_4)										

（续表）

风险 R	风险发生概率 P		风险影响程度 I		风险等级 RR		Borda 序值	风险权重 RW	总体风险水平	
	等级	量化值	等级	量化值	等级	量化值			等级	量化值
寄生性天敌影响（R_5）										
土壤生态系统影响（R_6）										

7.3.4　转 Bt 基因棉花生态风险发生概率的确定

根据问卷调查结果，由专家使用模糊评价集 H_p 构建的专家模糊评估矩阵 $[P_{ij}]$。$[P_{ij}]$ 由 36 位专家（行）、6 类风险（列）组成，任意 p_{ij} 表示第 i 位专家对第 j 类风险发生概率的模糊评估。

$$[P_{ij}] = \begin{vmatrix} 极可能 & 较大可能 & 较小可能 & 较小可能 & 较大可能 & 较大可能 \\ 较小可能 & 较小可能 & 极不可能 & 极不可能 & 极不可能 & 极不可能 \\ 可能 & 可能 & 极不可能 & 极不可能 & 极不可能 & 极不可能 \\ 较大可能 & 较大可能 & 较小可能 & 可能 & 可能 & 可能 \\ 极不可能 & 可能 & 极不可能 & 极不可能 & 极不可能 & 较小可能 \\ \cdots & \cdots & \cdots & \cdots & \cdots & \cdots \end{vmatrix}$$

将专家的模糊评估通过模糊数的 $\alpha-$ 截集运算，在这个过程中，采用专家信任度修正评估结果时遵循专家等权的原则，可得：

$P_1 = [0.3 + 0.25\alpha, 0.7 - 0.2\alpha]$；$P_2 = [0.3 + 0.25\alpha, 0.8 - 0.25\alpha]$

$P_3 = [0.25\alpha, 0.35 - 0.25\alpha]$；$P_4 = [0.05 + 0.25\alpha, 0.4 - 0.25\alpha]$

$P_5 = [0.15 + 0.25\alpha, 0.5 - 0.25\alpha]$；$P_6 = [0.15 + 0.25\alpha, 0.55 - 0.25\alpha]$

则相应的模糊数为：

$P_1 = (0.3, 0.5, 0.7)$；$P_2 = (0.3, 0.55, 0.8)$

$P_3 = (0, 0.1, 0.35)$；$P_4 = (0.05, 0.15, 0.4)$

$P_5 = (0.15, 0.25, 0.5)$；$P_6 = (0.15, 0.3, 0.55)$

解模糊化后，得到各类风险因素发生概率的精确值，即

$[P_{综合}] = [0.50 \quad 0.55 \quad 0.138 \quad 0.188 \quad 0.288 \quad 0.325]$

由此，可得到转 Bt 基因棉花生态风险发生概率表，见表 7-8。

表 7-8　转 Bt 基因棉花生态风险发生概率表

概率	α-截集区间表示	模糊数	精确值
P_1	$[0.3+0.25\alpha, 0.7-0.2\alpha]$	$(0.3, 0.5, 0.7)$	0.50
P_2	$[0.3+0.25\alpha, 0.8-0.25\alpha]$	$(0.3, 0.55, 0.8)$	0.55
P_3	$[0.25\alpha, 0.35-0.25\alpha]$	$(0, 0.1, 0.35)$	0.138
P_4	$[0.05+0.25\alpha, 0.4-0.25\alpha]$	$(0.05, 0.15, 0.4)$	0.188
P_5	$[0.15+0.25\alpha, 0.5-0.25\alpha]$	$(0.15, 0.25, 0.5)$	0.288
P_6	$[0.15+0.25\alpha, 0.55-0.25\alpha]$	$(0.15, 0.3, 0.55)$	0.325

根据语义距离公式，将风险发生概率评估结果还原，如表 7-9 所示。

表 7-9　转 Bt 基因棉花生态风险发生概率语义还原表

风险因素	与模糊评语集间的语义距离	风险发生概率等级
棉铃虫抗性	$d_{极不可能} = 0.890$；$d_{较小可能} = 0.505$；$d_{可能} = 0.071$；$d_{较大可能} = 0.409$；$d_{极可能} = 0.890$	可能
红铃虫抗性	$d_{极不可能} = 0.999$；$d_{较小可能} = 0.600$；$d_{可能} = 0.100$；$d_{较大可能} = 0.350$；$d_{极可能} = 0.805$	可能
非靶标害虫影响	$d_{极不可能} = 0.173$；$d_{较小可能} = 0.260$；$d_{可能} = 0.737$；$d_{较大可能} = 1.120$；$d_{极可能} = 1.614$	极不可能
捕食性天敌影响	$d_{极不可能} = 0.265$；$d_{较小可能} = 0.180$；$d_{可能} = 0.638$；$d_{较大可能} = 1.022$；$d_{极可能} = 1.515$	较小可能
寄生性天敌影响	$d_{极不可能} = 0.458$；$d_{较小可能} = 0.150$；$d_{可能} = 0.444$；$d_{较大可能} = 0.828$；$d_{极可能} = 1.317$	较小可能
土壤生态系统影响	$d_{极不可能} = 0.541$；$d_{较小可能} = 0.173$；$d_{可能} = 0.361$；$d_{较大可能} = 0.753$；$d_{极可能} = 1.242$	较小可能

7.3.5　转 Bt 基因棉花生态风险影响程度的确定

根据问卷调查结果，由专家使用模糊评价集 H_i 构建的专家模糊评估矩阵 $[I_{ij}]$。$[I_{ij}]$ 由 36 位专家（行）、6 类风险（列）组成，任意 i_{ij} 表示第 i 位专家对第 j 类风险影响程度的模糊评估。

$$
\left[I_{ij}\right] = \begin{vmatrix} 关键 & 严重 & 微小 & 微小 & 中度 & 中度 \\ 微小 & 微小 & 可忽略 & 可忽略 & 可忽略 & 可忽略 \\ 严重 & 严重 & 微小 & 微小 & 微小 & 可忽略 \\ 严重 & 严重 & 微小 & 中度 & 中度 & 中度 \\ 可忽略 & 微小 & 可忽略 & 可忽略 & 可忽略 & 微小 \\ \cdots & \cdots & \cdots & \cdots & \cdots & \cdots \end{vmatrix}
$$

模糊评语的 α-截集运算、模糊数的计算以及解模糊化过程与风险发生概率的计算类似，具体结果见表 7-10。其中，风险影响程度综合评估矩阵为：

$$
\left[I_{综合}\right] = \begin{bmatrix} 0.55 & 0.55 & 0.175 & 0.225 & 0.275 & 0.275 \end{bmatrix}
$$

表 7-10   转 Bt 基因棉花生态风险影响程度表

影响程度	α-截集区间表示	模糊数	精确值
I_1	$[0.35+0.25\alpha, 0.75-0.2\alpha]$	$(0.35, 0.55, 0.75)$	0.55
I_2	$[0.3+0.25\alpha, 0.8-0.25\alpha]$	$(0.3, 0.55, 0.8)$	0.55
I_3	$[0.25\alpha, 0.4-0.25\alpha]$	$(0, 0.15, 0.4)$	0.175
I_4	$[0.05+0.25\alpha, 0.45-0.25\alpha]$	$(0.05, 0.2, 0.45)$	0.225
I_5	$[0.1+0.25\alpha, 0.5-0.25\alpha]$	$(0.1, 0.25, 0.5)$	0.275
I_6	$[0.1+0.25\alpha, 0.5-0.25\alpha]$	$(0.1, 0.25, 0.5)$	0.275

根据语义距离公式，将风险影响程度评估结果还原，如表 7-11所示。

表 7-11   转 Bt 基因棉花生态风险影响程度语义还原表

风险因素	与模糊评语集间的语义距离	风险影响程度等级
棉铃虫抗性	$d_{可忽略} = 0.989$；$d_{微小} = 0.604$；$d_{中度} = 0.122$；$d_{严重} = 0.320$；$d_{关键} = 0.792$	中度
红铃虫抗性	$d_{可忽略} = 0.999$；$d_{微小} = 0.600$；$d_{中度} = 0.100$；$d_{严重} = 0.350$；$d_{关键} = 0.805$	中度
非靶标害虫影响	$d_{可忽略} = 0.260$；$d_{微小} = 0.173$；$d_{中度} = 0.656$；$d_{严重} = 1.045$；$d_{关键} = 1.539$	微小
捕食性天敌影响	$d_{可忽略} = 0.350$；$d_{微小} = 0.100$；$d_{中度} = 0.557$；$d_{严重} = 0.947$；$d_{关键} = 1.440$	微小

（续表）

风险因素	与模糊评语集间的语义距离	风险影响程度等级
寄生性天敌影响	$d_{可忽略} = 0.444$；$d_{微小} = 0.100$；$d_{中度} = 0.458$；$d_{严重} = 0.850$；$d_{关键} = 1.341$	微小
土壤生态系统影响	$d_{可忽略} = 0.444$；$d_{微小} = 0.100$；$d_{中度} = 0.458$；$d_{严重} = 0.850$；$d_{关键} = 1.341$	微小

7.3.6 转 Bt 基因棉花生态风险等级的确定

7.3.6.1 风险当量

在计算风险当量时，本研究认为风险影响程度对风险重要性等级的贡献要大一些，故将风险发生概率系数设为 0.3，风险影响程度系数设为 0.7。则任意风险因素的风险当量可表示为：

$$RR_j = \sqrt{0.3P_j^{\ 2} + 0.7I_j^{\ 2}}$$

根据前文得到的转 Bt 基因棉花生态风险发生概率综合评估矩阵和风险影响程度综合评估矩阵，可以得到相应的风险量矩阵 $[RR]$。

$$[RR] = [0.535,\ 0.550,\ 0.165,\ 0.214,\ 0.279,\ 0.291]$$

根据风险当量大小，转 Bt 基因棉花各生态风险因素由大到小可排序为：红铃虫抗性风险、棉铃虫抗性风险、土壤生态系统影响、寄生性天敌影响、捕食性天敌影响、非靶标害虫影响。

7.3.6.2 风险等级定性表述

根据前文得到的转 Bt 基因棉花各类生态风险因素发生概率和影响程度的三角模糊数，以及语义距离公式，可得到风险等级定性表述。以棉铃虫抗性风险为例，其风险发生概率三角模糊数 $P_1 = (0.3,\ 0.5,\ 0.7)$，风险影响程度三角模糊数 $I_1 = (0.35,\ 0.55,\ 0.75)$，计算与模糊评语"低"$[H_{低} = (0,\ 0,\ 0,\ 25)]$ 间的语义距离为：

$$d_{低} = \sqrt{\left(\sqrt{0.3 \times 0.3^2 + 0.7 \times 0.35^2}\right)^2 + 2\left(\sqrt{0.3 \times 0.5^2 + 0.7 \times 0.55^2}\right)^2 + \left(\sqrt{0.3 \times 0.7^2 + 0.7 \times 0.75^2} - 0.25\right)^2}$$
$$= 0.953$$

同理，可求出与模糊评语"较低""中等""较高""高"的语义距离为：

$$d_{较低} = 0.575;\quad d_{中等} = 0.100;\quad d_{较高} = 0.345;\quad d_{高} = 0.820$$

取其最小者，即可知，棉铃虫抗性风险等级为"较低"。

同理，可得到其他风险因素的风险等级定性表述。具体见表7-12。

表7-12 转 Bt 基因棉花生态风险等级语义还原表

风险因素	与模糊评语集间的语义距离	风险等级
棉铃虫抗性	$d_低 = 0.960$；$d_{较低} = 0.575$；$d_{中等} = 0.100$；$d_{较高} = 0.345$；$d_高 = 0.820$	中等
红铃虫抗性	$d_低 = 0.999$；$d_{较低} = 0.600$；$d_{中等} = 0.100$；$d_{较高} = 0.350$；$d_高 = 0.805$	中等
非靶标害虫影响	$d_低 = 0.236$；$d_{较低} = 0.197$；$d_{中等} = 0.677$；$d_{较高} = 1.065$；$d_高 = 1.559$	较低
捕食性天敌影响	$d_低 = 0.326$；$d_{较低} = 0.121$；$d_{中等} = 0.579$；$d_{较高} = 0.968$；$d_高 = 1.460$	较低
寄生性天敌影响	$d_低 = 0.449$；$d_{较低} = 0.117$；$d_{中等} = 0.453$；$d_{较高} = 0.842$；$d_高 = 1.332$	较低
土壤生态系统影响	$d_低 = 0.475$；$d_{较低} = 0.120$；$d_{中等} = 0.427$；$d_{较高} = 0.819$；$d_高 = 1.309$	较低

7.3.7 转 Bt 基因棉花生态风险因素 Borda 序值的确定

由前面的分析可知，在转 Bt 基因棉花生态风险矩阵中，存在着风险结，即同一风险等级中分布着多个风险因素，如：在"中等"风险等级中分布着棉铃虫抗性风险（R_1）和红铃虫抗性风险（R_2）两个风险因素，也就是说"中等"风险等级中有 2 个风险结；在"较低"风险等级中分布着非靶标害虫影响（R_3）、捕食性天敌影响（R_4）、寄生性天敌影响（R_5）和土壤生态系统影响（R_6）四个风险因素，也就是说"较低"风险等级中有 4 个风险结。为了判断各风险因素对整体风险的重要程度，利用 Borda 序值法对转 Bt 基因棉花生态风险因素进行重要性排序。

根据表 7-9 和表 7-11 可计算出：

"棉铃虫抗性风险"的 Borda 值：$B(x_1) = (6 - 0) + (6 - 0) = 12$

"红铃虫抗性风险"的 Borda 值：$B(x_2) = (6 - 0) + (6 - 0) = 12$

"非靶标害虫影响"的 Borda 值：$B(x_3) = (6 - 5) + (6 - 2) = 5$

"捕食性天敌影响"的 Borda 值：$B(x_4) = (6 - 2) + (6 - 2) = 8$

"寄生性天敌影响"的 Borda 值：$B(x_5) = (6 - 2) + (6 - 2) = 8$

"土壤生态系统影响"的 Borda 值：$B(x_5) = (6 - 2) + (6 - 2) = 8$

根据 Borda 值按照从小到大排序，可得到转 Bt 基因棉花生态风险因素的 Borda 序值，如表 7-13 所示。

表 7-13 转 Bt 基因棉花生态风险因素 Borda 序值表

风险因素	Borda 值	Borda 序值
棉铃虫抗性	12	0
红铃虫抗性	12	0
非靶标害虫影响	5	5
捕食性天敌影响	8	2
寄生性天敌影响	8	2
土壤生态系统影响	8	2

7.3.8 转 Bt 基因棉花生态风险综合评价

7.3.8.1 转 Bt 基因棉花各生态风险因素的权重

在确定转 Bt 基因棉花各生态风险因素的权重时，由于缺乏历史经验数据，只能借助专家的意见和知识。本部分仍采用在风险评估活动中广泛使用的层次分析法（AHP）来确定各风险因素指标的权重。具体方法在第 5 章已有介绍，此处不再展开。在构建判断矩阵时，通过对所有专家判断矩阵中求取简单算术平均值，可得到最后的综合判断矩阵。

$$A = \begin{bmatrix} 1 & 3.40 & 3.27 & 2.47 & 2.47 & 3.67 \\ 0.29 & 1 & 2.87 & 2.47 & 2.47 & 3.67 \\ 0.31 & 0.35 & 1 & 1.80 & 1.80 & 2.20 \\ 0.41 & 0.41 & 0.56 & 1 & 1.00 & 1.40 \\ 0.41 & 0.41 & 0.56 & 1.00 & 1 & 1.40 \\ 0.27 & 0.27 & 0.45 & 0.71 & 0.71 & 1 \end{bmatrix}$$

由 $CR = 0.097 < 0.1$，满足一致性检验，可知，综合判断矩阵 A 的一致性较好。

计算该综合判断矩阵的最大特征根 $\lambda_{max} = 6.61$；

对应的特征向量 RW = (0.464, 0.244, 0.109, 0.070, 0.070, 0.042), 即为转 Bt 基因棉花各生态风险因素的权重。

7.3.8.2 转 Bt 基因棉花生态风险的总体风险水平

将转 Bt 基因棉花风险矩阵中具体风险因素的风险等级(RR)量化值乘以各自的风险权重(RW), 再累加即可得出转 Bt 基因棉花生态风险总体风险量化值。即:

$$RRT = \sum_{i=1}^{n} RR_i \times RW_i$$

具体为:

RRT = (0.535 × 0.464 + 0.550 × 0.244 + 0.165 × 0.109 + 0.214 × 0.070 + 0.279 × 0.070 + 0.291 × 0.042) = 0.447

根据前文得到的转 Bt 基因棉花各类生态风险因素风险等级的三角模糊数以及对应的风险权重, 可得到转 Bt 基因棉花总体生态风险的三角模糊数, 然后计算与风险等级模糊评语集的语义距离, 得:

$d_{低}$ = 0.787; $d_{较低}$ = 0.400; $d_{中等}$ = 0.120; $d_{较高}$ = 0.514; $d_{高}$ = 0.997

取语义距离最小者, 可知, 转 Bt 基因棉花生态风险的综合风险等级为"中等"。

7.3.9 转 Bt 基因棉花生态风险等级测度的结果分析

将前面的评估结果汇总, 可得到转 Bt 基因棉花生态风险评估的风险矩阵, 如表7-14所示。

7.3.9.1 转 Bt 基因棉花生态风险分布

根据前文对转 Bt 基因棉花生态风险因素的风险发生概率和风险影响程度的分析, 对照改进的风险等级二维矩阵(表7-5), 可得到转 Bt 基因棉花生态风险在风险等级二维矩阵分析图中的分布情况, 如图7-2所示。

7.3.9.2 转 Bt 基因棉花生态风险因素的重要性分析

Borda 序值的排序结果显示, 对于转 Bt 基因棉花来说, "棉铃虫抗性"和"红铃虫抗性"是最为关键的风险, 紧随其后的是"寄生性天敌影响""捕食性天敌影响"和"土壤生态系统影响", "非靶标害虫影响"则是重要性更次一级的风险因素。Borda 序值的排序结果与风险

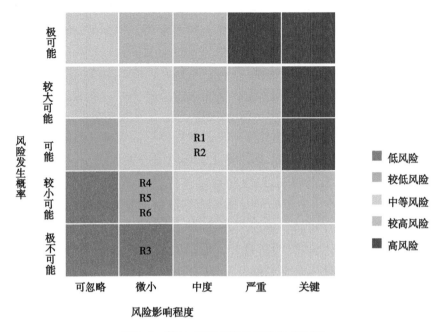

图 7-2　转 Bt 基因棉花生态风险分布图

等级二维矩阵分析图中生态风险的分布一致。

　　风险等级的评估结果显示，"棉铃虫抗性"和"红铃虫抗性"的风险等级为"中等"，"寄生性天敌影响""捕食性天敌影响""土壤生态系统影响"和"非靶标害虫影响"的风险等级为"较低"，也就是说，对于转 Bt 基因棉花来说，"棉铃虫抗性"和"红铃虫抗性"的风险等级要高于"寄生性天敌影响""捕食性天敌影响""土壤生态系统影响"和"非靶标害虫影响"的风险等级。

　　风险贡献率的评估结果显示，在转 Bt 基因棉花生态中，靶标害虫抗性这一风险因素的贡献率最大，高达 85.50%（其中"棉铃虫抗性"的贡献率不可小觑，达到 55.53%）；"非靶标昆虫影响"这一风险因素的贡献率为 11.74%（其中："寄生性天敌影响"的贡献率为 4.36%，"非靶标害虫影响"的贡献率为 4.03%，"捕食性天敌影响"的贡献率为 3.35%）；"土壤生态系统影响"这一风险因素的贡献率较小，仅为 2.76%。

由此可知，在改进的风险矩阵方法中，依据 Borda 序值和依据风险等级的评估结果相互支持，互相补充。相对来讲，依据 Borda 序值的转 Bt 基因棉花具体风险因素排序具有更好的区分度。

依据 Borda 序值与依据风险贡献率大小所获得的具体风险因素排序略有出入。由于在计算具体风险因素的风险贡献率时，是通过加权而获得的，更好地反映了人们对转 Bt 基因棉花生态风险的认识，因此，依据风险贡献率大小所获得的具体风险因素排序更为完整、系统，且区分度明显，更好地反映了转 Bt 基因棉花生态风险的客观性。

7.3.9.3　转 Bt 基因棉花生态风险总体风险水平

转 Bt 基因棉花生态风险的总体风险等级量化值为 0.447，风险等级属于"中等"（表7-14）。这说明在我国大规模商业化种植转 Bt 基因棉花所面临的生态风险状况相对良好，但仍应对具体风险因素引起重视，尤其是转 Bt 基因棉花生态风险指标中"棉铃虫抗性""红铃虫抗性"的风险等级量化值高于总体风险等级量化值，应给予重点关注。也就是说，在转 Bt 基因棉花大规模商业化种植过程中，要制定相应的风险控制措施，尤其是针对靶标害虫抗性问题，要做好风险防范。

7.3.9.4　启示

基于改进的风险矩阵方法对转 Bt 基因棉花生态风险进行评估，可以得到如下启示：

（1）从生态风险角度来看，在我国大规模商业化种植转 Bt 基因棉花带来的负面影响处于中等水平，其中，靶标害虫抗性风险是占主导地位的生态风险因素。考虑到靶标害虫抗性进化是作物种植过程中普遍存在的问题，只要采取合理的靶标害虫抗性治理措施，可以说，转 Bt 基因棉花生态风险并不必然比非转基因棉花的生态风险大，也就是说，在我国大规模商业化种植转 Bt 基因棉花具有一定的可行性，这一结果也与我国棉花生产的实际情况相符。

（2）在转 Bt 基因棉花商业化种植过程中，对于生态风险的预防和控制，当务之急是要解决好靶标害虫抗性问题，尤其是棉铃虫抗性；其次要关注转 Bt 基因棉花对非靶标昆虫的影响，具体来说，依重要性分别是对寄生性天敌、非靶标害虫、捕食性天敌的影响；最后，虽然评估结果表明"土壤生态系统影响"这一风险因素在重要性排序方面靠后，

表 7-14 基于改进风险矩阵的转 Bt 基因棉花生态风险评估表

风险 R	风险发生概率 P		风险影响程度 I		风险等级 RR		Borda 序值	风险权重 RW	总体风险水平		风险贡献率 RC
	等级	量化值	等级	量化值	等级	量化值			等级	量化值	
棉铃虫抗性 (R₁)	可能	0.50	中度	0.55	中等	0.535	0	0.464			55.53%
红铃虫抗性 (R₂)	可能	0.55	中度	0.55	中等	0.550	0	0.244			29.97%
非靶标害虫影响 (R₃)	极不可能	0.138	微小	0.175	较低	0.165	5	0.109			4.03%
捕食性天敌影响 (R₄)	较小可能	0.188	微小	0.225	较低	0.214	2	0.070	中等	0.447	3.35%
寄生性天敌影响 (R5)	较小可能	0.288	微小	0.275	较低	0.279	2	0.070			4.36%
土壤生态系统影响 (R₆)	较小可能	0.325	微小	0.275	较低	0.291	2	0.042			2.76%

但考虑到转 Bt 基因棉花对土壤生态系统的影响是一个间接的、长期的过程，其可能的负面影响在短期内难以暴露出来，所以也要加以关注，做好长期监测工作。

（3）对于转 Bt 基因棉花生态风险，靶标害虫棉铃虫是多食性的，有玉米等寄主作物作为庇护所，抗性风险可能较低，而红铃虫作为单食性害虫，只能取食转 Bt 基因棉花，其选择压力大，抗性风险可能相对高，但调查结果与之相反，这可能是被调查对象对这两种靶标害虫的细节问题了解有限所致。

第8章　转基因作物风险控制的
利益相关者分析

8.1　利益相关者理论

8.1.1　利益相关者的界定

利益相关者这一概念由斯坦福研究院于 1963 年首次提出，随后美国学者 Ansoff 于 1965 年最早将其引入管理学界和经济学界，但当时并没有给出明确的界定，只是认为"要制定出一个理想的企业目标，必须综合平衡考虑企业内包括管理人员、工人、股东、供应商以及分销商等诸多利益相关者之间相互冲突的索取权"（贾生华等，2002；付俊文等，2006；陈英，2008；肖拥军等，2008）。此后，研究者们从各自的研究视角对利益相关者进行了界定。概括起来，研究者们对利益相关者内涵的认知可以分为狭义和广义两种，且对其界定趋于具体化和集中化。狭义的概念基于企业的立场，将利益相关者界定为在企业的活动中占有重要位置的个人或群体，以 Clarkson 为代表，他认为"利益相关者是在企业中投入了实物资本、人力资本、财务资本或其他有价值的东西，并承担了某种形式的风险的个人或群体"（Clarkson，1994）。广义的概念从利益相关者与企业的双边视角进行界定，既包括有益于企业价值实现的利益相关者，也包括不利于企业价值实现的利益相关者，以 Freeman 为代表，他将利益相关者界定为"任何能够影响企业行为、决策、政策、活动或目标实现，或受企业行为、决策、政策、活动或目标实现过程影响的个人和群体"（Freeman，1984）。不难看出，狭义的利益相关者强调利益相关者与企业的关联，广义的利益相关者界定相当宽泛,将对企业有直接或间接、或大或小、或正或负影响的所有个人或群体都纳入研究范畴。国内学者试图在狭义和广义界定之间进行折衷,认为利益相关者具有双重属性:一是投资—风险性,即在企业中进行了一定的专用型投资,并由此承担了一定风险;二是影响—被影响,即其活动既能影响企业目标的实现,同时企业目标实现过程也影响着其活动(贾生华、陈宏辉,2002)。

8.1.2 利益相关者的类型划分

自利益相关者概念提出至今,虽然学者们对其表述存在差异,但普遍认识到,可以从多个角度对利益相关者进行细分,不同类型的利益相关者对于企业管理决策的影响以及被企业活动影响的程度是不一样的。

Freeman(1984)从所有权、经济依赖性和社会利益的角度对利益相关者进行分类。

Charkham(1992)按照利益相关者与企业是否存在交易性的合同关系,将利益相关者分为契约型利益相关者(包括股东、雇员、客户、分销商、供应商、贷款人等)和公众型利益相关者(包括消费者、监管者、政府部门、媒体、当地社区等)。

Clarkson(1994)一方面根据利益相关者在企业经营活动中承担的风险种类,将利益相关者分为自愿利益相关者(在企业中主动进行物质资本、人力资本投资的个人和群体,并自愿承担企业经营活动带来的风险)和非自愿利益相关者(被动承担风险的个人和群体);另一方面根据利益相关者与企业联系的紧密程度,将利益相关者分为首要的利益相关者(指股东、投资者、雇员、客户、供应商等保障公司持续生存的个人和群体)和次要的利益相关者(指不与企业直接交易,对企业生存没有根本性作用,其影响或受影响均是间接的媒体、特定利益集团等)。

Grant(1991)按照利益相关者对企业的威胁与合作程度,将其分为支持型利益相关者(高合作性、低威胁性)、边缘型利益相关者(低合作性、低威胁性)、反对型利益相关者(低合作性、高威胁性)和混合型利益相关者(可能成为支持型或反对型的利益相关者)。

Carroll(1996)从两个方面对利益相关者进行分类:一方面根据利

益相关者与企业关系的正式程度，分为直接和间接利益相关者；另一方面将利益相关者区分为核心利益相关者、战略利益相关者和环境利益相关者。

Mitchell（1997）在对所有利益相关者的合法性、权力性和紧急性三个属性评分的基础上，将其分为确定型利益相关者（同时具有三种属性）、预期型利益相关者（具有任意两种属性）和潜在利益相关者（仅具有一种属性）三类。

Wheeler（1998）引入社会性维度，并结合 Clarkson 提出的紧密型维度，将利益相关者分为首要的社会性利益相关者（与企业有直接关系的投资者、雇员、客户、供应商、合伙人、当地社区等）、次要的社会性利益相关者（通过社会性活动与企业形成间接联系的居民团体、相关企业等）、首要的非社会性利益相关者（与企业有直接联系，但不具有社会性的自然环境、人类后代等）和次要的非社会性利益相关者（与企业有间接联系，但不具有社会性的非人类物种等）。

8.1.3 利益相关者理论的主要内容

利益相关者理论最初是作为一种公司治理理论提出来的，是在对传统"股东至上主义"的质疑和挑战的基础上而产生的，旨在通过引入"利益相关者"这一概念重新审视和理解与公司发展密切相关的包括人和物在内的外部环境及其变化，并适应外部环境变化的形势及其要求，通过利益相关者管理，实现"将外部变化转变为内部变化"，解除外部变化导致的不确定性风险，确保组织战略和组织管理的有效性（王身余，2008）。

利益相关者理论的发展经历了三个阶段：利益相关者影响阶段、利益相关者参与阶段和利益相关者共同治理阶段。每个阶段，利益相关责任意识和赋权层次存在差异，后一个阶段是前一个阶段的跨越。在利益相关者影响阶段，承认组织对利益相关者负有责任，关注利益相关者对组织战略及绩效的影响，但并不考虑利益相关者的权利，对利益相关者影响的研究是一种工具主义取向。在利益相关者参与阶段，承认组织对利益相关者负有"完全责任"，关于利益相关者权利的观念开始逐步树立并广泛传播，但其研究的出发点和归宿仍然是组织本位的，没有脱离工具主义的范畴。在利益相关者共同治理阶段，承认组织对利益相关者的责任与对股东的责任同等重要，并承认管理者对所有利益相关者负有履责承诺和述职说明的义务，同时授予所有利益相关者治理权利，共同享有剩余索取权和控制权，其衡量标准和价值取向以利益相关者的共同利益为基础。

综观利益相关者理论的发展历程，不难看出，利益相关者理论主要是围绕这样一个问题来展开：当社会系统具有多元化、分权化、利益化、均衡化等特征时，仅仅依靠单一利益主体的行动往往难以解决问题或实现管理目标，而需要考察不同利益相关者相互作用、相互影响的方式与程度，以及对解决问题或管理目标的影响，以取得解决问题或管理目标的最优效果（庞娟，2010）。该理论的核心思想主要强调两个方面：一方面，各个利益相关者的利益在经营管理等活动中要得到考虑和体现；另一方面，为了达到整体效益最优化，必须协调和整合各利益相关者的利益关系（范树平等，2008）。

8.2 转基因作物风险控制过程中的利益相关者及二维分析

8.2.1 转基因作物风险控制过程中的利益相关者

在转基因作物风险控制过程中，涉及众多利益相关者。但转基因作物风险控制具有一定的特殊性，相对于公司治理过程中高度重视成本效益比，转基因作物风险控制更关注环境安全、人类健康、可持续发展等社会效益。因此，对我国转基因作物风险控制过程中的利益相关者界定，主要借鉴 Freeman 的概念，将其界定为能够影响风险控制过程和目标的或被风险控制过程和目标影响的个人、群体和其他非人因素。按组织形式分，我国转基因作物风险控制涉及的利益相关者包括政府部门（G）、社会公众（P）、外部环境（E），如表 8-1 所示。

政府部门（G）：作为国家意志的集中体现者，政府制定政策的目的就是要维护社会公共利益、调节社会各利益群体和个人利益分配。转

表 8-1　我国转基因作物风险控制中的利益相关者

组织类型	具体细分
政府部门（G）	国家管理部门（G1）
	地方政府（G2）
	外国政府（G3）
社会公众（P）	科研院校（P1）
	中资公司（P2）
	跨国生物技术公司（P3）
	农户（P4）
	消费者（P5）
	非政府组织（P6）
外部环境（E）	自然环境（E1）
	经济环境（E2）
	社会环境（E3）
	文化环境（E4）

基因作物风险关系到国家和民众的整体利益，其风险控制也涉及不同利益主体之间的利益分配，因此，必然要对转基因作物风险进行宏观调控，提供合理的转基因作物风险决策，将风险控制在可接受的范围内，尽量降低社会危害。同时，政府也是转基因作物风险控制的受益者，如果风险控制得当，转基因作物的商业化种植将有助于保障农产品供给。其中：国家管理部门（G1）负责转基因作物风险决策；地方政府（G2）负责转基因作物风险决策的执行、监控和效果反馈；外国政府（G3）对我国转基因作物风险控制的影响需分情况讨论。转基因技术领先、支持转基因作物产业化的外国政府，会将转基因技术作为一种战略手段，不遗余力地向我国输出转基因技术及相关产品，以获得经济利益，实现其在国际竞争中的战略企图，对我国转基因作物风险控制持消极放任态度。对转基因作物产业化持谨慎和反对的外国政府，会通过抵制我国转基因农产品的出口，间接强化我国转基因作物风险控制。

　　社会公众（P）：科研院校（P1）几乎囊括了国内的专家学者，既包括从事转基因作物研发的科学家，也包括支持或反对转基因作物产业化的非转基因技术研究者。科研院校（P1）一方面作为转基因作物研发的主导者，负责转基因作物新品种的培育以及安全检测技术的改进，转基因作物产业化能将其技术优势转化为经济优势；另一方面作为政府转基因作物风险决策的智囊团和顾问，掌握了相关政策制定的话语主导权。中资公司（P2）主要指国内种子企业，是推动转基因研究的重要力量，是产业化应用的关键环节，转基因作物产业化能给其带来巨大经济利益。跨国生物技术公司（P3）拥有转基因作物多数专利，在国际农产品贸易和转基因作物的开发应用上基本形成寡头垄断，已实现"全球化经营、全环节利润和全市场覆盖"，能从转基因作物产业化中获得巨额经济利益，是积极推动转基因作物产业化的重要力量。农户（P4）作为转基因作物的直接种植者，在经济利益的驱使下，做出种植或不种植转基因作物的决策，但并不太关注风险控制，甚至为了追求经济利益最大化，无视有关风险控制规定，不执行相关风险控制措施。消费者（P5）是转基因作物的受益者，同时也是风险直接承受者。转基因作物的健康发展能够给消费者提供"物美价廉"的农产品，但一旦破坏人类赖以生存的生态环境或对人体健康构成威胁，将严重损害消费者的利益。同时，消费者对转基因产品接受与否以及接受程度将直接决定转基因作物的产业化进程。非政府组织（P6）是一类特殊的利益群体，主要是关注转基因生物安全的消费者组织和环保行动者组织，如绿色和平组织，旨在维护社会公众的利益，强烈呼吁严格的转基因作物风险控制。

　　外部环境（E）：包括自然环境、经济环境、社会环境、文化环境，是相对于整个转基因作物风险控制体系而言的外部影响因子。虽然转基因作物具有抗逆境的特性，能够克服自然环境的某些不利因素，但自然环境（E1）仍然是转基因作物种植的基础条件和决定因素。根据"理性经济人"假设，任何生产行为都会追求利益最大化，虽然国家层面的战略决策会将其他因素纳入考虑范围，但经济环境（E2）的影响仍然是至关重要的。在利益相关者共同治理理念的引导下，社会环境（E3）对战略目标的影响越来越不容忽视。不同的文化背景和宗教信仰

（E4）同样会影响人们对转基因作物的接受程度和种植意愿。

8.2.2 利益相关者的二维分析

为了便于对利益相关者进行分析，基于各个利益相关者在我国转基因作物风险控制过程中拥有的权力和利益影响程度的"双相"差异性，引用 Mendelow 的利益相关者权力—利益矩阵，对我国转基因作物风险控制过程中的利益相关者进行二维分析，其中横坐标表示风险控制过程或目标实现对其利益影响大小，纵坐标表示其在风险控制过程或目标实现中所具有的权力大小，并把其分为Ⅰ、Ⅱ、Ⅲ、Ⅳ四个模块区。在这里，权力可理解为影响力，是指利益相关者对转基因作物风险决策的控制力量，或者对转基因作物风险控制能够实施正面或负面影响的支配力量；利益的大小决定了转基因作物风险决策者对利益相关者的问题、需求给予优先关注的程度，可表明利益相关者自身的重要性（图 8-1、图 8-2）。

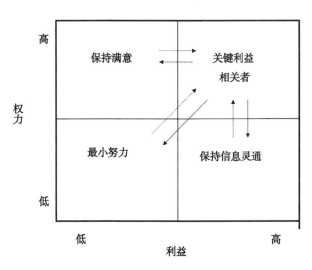

图 8-1　利益相关者识别定位

Ⅰ区：政府（G1 和 G2）作为转基因作物风险控制的宏观调控者，是风险决策的直接制定者、执行者、监督者，掌握了转基因作物风险控制所需的大量资源。为了维护社会公众的利益，必然以政策、法规等形

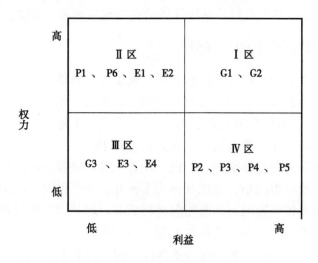

图8-2 利益相关者类型

式影响转基因作物风险控制的发展，拥有绝对的领导力和控制力，其权力或影响力自然是最高的。同时，政府作为社会公共利益的代表，在转基因作物风险控制中必然会对其需求和利益给予优先关注。高影响力、较高重要性决定了本国政府是转基因作物风险控制中的关键利益相关者。

Ⅱ区：维护自身利益的权力大，却对组织相关战略决策缺乏兴趣或影响利益很小。①科研院校（P1）作为专家学者的集中营，是社会精神和知识财富的创造者。其中，一部分专家学者在政府或企业资助下开展转基因作物相关研究工作，由于具有丰富和深厚的专业知识背景，在转基因作物风险控制中他们往往拥有充分的发言权，并在很大程度上掌握了转基因作物风险控制相关政策制定的话语主导权；另一部分专家学者，主要是生态学家和环境学家，凭着自身的专业优势和社会地位，通过专家上书、发表言论等方式提出自己的观点、主张和建议，影响转基因作物风险决策。由于目前我国的科学研究大部分受到政府财政资金资助，转基因作物研究者的直接利益受风险控制决策的影响相对较小，而其他专家学者作为"社会理性"和"公众良知"的代表，转基因作物产业化并不会给其带来直接的经济利益关系，相应地转基因作物风险控制决策对其影响也小。②非政府组织（P6）并没有自身的特殊利益，但出于对社会公共利益的维护，常常借助于媒介广泛宣传转基因作物给生态环境和人类健康带来的负面影响，将相关问题诉诸舆论，一旦得到公众的关注和支持，就会给决策者造成一定的压力，影响其决策行为。③自然环境（E1）和经济环境（E2）对转基因作物商业化种植的影响也不容忽视。在现有技术条件下，转基因作物的种植仍然无法完全摆脱自然环境对其的决定性影响。加之，任何生产行为都是从经济利益的角度出发，从而也在很大程度上受制于其所在的经济环境。因此，科研院校、非政府组织、自然环境、经济环境是我国转基因作物风险控制中权力大、利益小的利益相关者。

Ⅲ区：权力小、利益小的利益相关者，对于这类群体，组织往往很少去关注，相对付出的努力也是最小。外国政府（G3）积极地为本国转基因技术扩散和转基因产品输出争取更多的可能，但往往受制于目标国家政府的战略决策和统一管理，其决策权将受到严格的限制，短期内难以实现其战略企图，其短期和直接利益受目标国家政府风险决策的影响也较小。社会环境（E3）和文化环境（E4）只是间接或潜在影响战略决策的因子，其影响强度和深度也很有限。因此，外国政府、社会环境和文化环境三者是我国转基因作物风险控制中权力小、利益小的利益相关者。

Ⅳ区：对组织利益要求大，却没有足够权力去维护自身利益的群体。中资公司（P2）和跨国生物技术公司（P3）是转基因作物的推广者，负责转基因作物种子和其他相关产品的销售，是转基因作物产业化应用的直接受益者，其利益与风险控制决策息息相关。农户（P4）是转基因作物的种植者，转基因作物在降低生产成本、提高产量、改善产品质量的优势会促使农户提高采用率，但转基因作物风险控制会增加其生产成本，其利益直接受到转基因作物风险决策的影响，且影响较大。消费者（P5）是转基因作物的风险直接承受者，转基因作物是否安全直接影响着人类的生存与发展，其重要性是最高的，在转基因作物风险控制中应对其利益和要求给予优先关注。但在我国目前的政策议程模式中，对于农户和消费者等普通公众来说，虽然他们是最大的利益相关者，但并未被直接纳入到转基因作物风险控制决策过程中。因此，中资公司、跨国生物技术公司、农户、消费者均是我国转基因作物风险控制中的权力小、利益大的利益相关者群体，其中还存在弱势群体。

8.3 转基因作物风险控制过程中利益相关者的利益诉求

转基因作物风险控制所涉及的利益相关者在构成上具有多样性和复杂性，多元化的利益相关者决定了多元化的利益诉求，而且不同利益相关者的利益也有短期与长远、直接与间接、功利与理想、显性与隐性等方面的差异。必须明确利益相关者的利益诉求，为实现转基因作物风险的有效控制提供参考依据。基于转基因作物风险控制过程中利益相关者的主观能动性和直接关联性的考虑，由于外国政府、跨国生物技术公司以及外部环境仅仅作为外在的影响因素予以参照，本部分将着重分析国家管理部门、地方政府、科研院所、中资公司、农户、消费者、非政府组织等利益相关者的利益诉求。

（1）国家管理部门

国家管理部门在转基因作物风险控制中的利益诉求主要表现在两个方面。①作为公共服务的提供者，其首要目的是促进公共利益最大化。在转基因作物风险控制中，公共利益体现为保护环境安全、保持生态平衡、保证消费者身体健康。②作为国家意志的集中体现者，另一个重要目的是通过促进社会福利最大化来谋求政治利益最大化。一是国家的农业发展利益。农业是国民经济的基础，按照转基因技术发展的预期，转基因作物产业化将推动农业向更好满足社会需要的方向发展，并从根本上影响农业，实现传统农业运作模式的彻底变革，为国家粮食安全和农产品有效供给提供保障。二是国际经济与贸易利益。在经济全球化背景下，转基因作物产业化正对全球农产品贸易和进出口竞争格局产生深远影响。当前，我国在国际转基因贸易格局中处于不利位置，转基因作物风险控制将对我国转基因农产品和转基因技术及相关产品进口，以及非转基因农产品的出口起到重要的调节作用，有利于维护我国在国际经济与贸易中的利益。三是国家科技主权利益。目前我国转基因作物研发与发达国家相比尚有差距，一方面要加强转基因作物研究，保持科技上的先进性、独立性和自主性；另一方面在转基因作物产业化应用中要防止他国利用转基因技术专利和转基因作物种子来垄断中国农业经济命脉、确保国家粮食、经济和科技安全免受国外科技优势威胁。

（2）地方政府

转基因作物风险控制虽然涉及环境生态安全、人类健康以及国家长远战略，但地方政府作为转基因作物风险控制决策的执行者、风险监管者和效果反馈者，并不会主动提供国家公共物品、国家战略品，其主要动力在于在短期内做出政绩。此外，在市场经济背景下，地方政府作为一类经济组织，具有明显的"经济人"特性，存在自身的经济利益。地方政府为了促进当地经济发展、增加当地财政收入，以及受政绩意识的支配，往往会出现盲目吸引项目和资金，自觉或不自觉地采取短期行为的现象。目前，在生物育种领域，转基因作物的研究是各个地方政府招商引资的主要对象。尤其是在国家转基因研究重大专项的重点研发地区，地方政府会加大招商引资力度，努力吸引大资本的进入。地方政府这种为了谋求短期利益而不顾环境生态安全、人类健康的招商引资行为，不可避免地导致牺牲公共利益和农户以及消费者的利益。

（3）科研院校

对于科研院校中从事转基因作物研究的生物技术专家，亦即转基因作物研发者，获取研究经费、发表论文成果、申报技术专利、扩大社会影响以及满足科学好奇等是其从事转基因作物研究的动力所在。因此，转基因作物研发者的利益诉求主要表现在三个方面：一是力求获得国家政府政策保障；二是对科研成果的保护，具体形式表现为对知识产权的保护；三是将科研成果转化为现实生产力，提高转基因作物的采用率，以扩大社会影响力。

在科研院校中，除了转基因作物研发者，还包括生态学家和环境学家，也包括社会学家和伦理学家。这些专家学者因其自身的特殊属性，有着特定的利益诉求。首先，专家学者具有政治性，难以保持政治上的中立，他们从国家粮食安全的角度考虑转基因作物产业化的必要性，因此会更多地关注其政治效益，而忽视其对环境、生态的潜在危害。尤其是作为政府智囊团的专家学者，在为政府提供政策咨询服务时，往往难以去除政治性而仅考虑科学性。其次，专家学者具有阶级性。当社会中存在利益、主张各不相同的群体时，专家学者作为社会公众的一部分，由于其具备的专业知识素养，或主动成为这些不同利益、主张的发言人，或被动成为这些不同利益、主张的代言人。在涉及转基因作物风险决策问题时，他们往往基于特定利益群体的利益而提出相应的主张、建议。最后，专家学者具有经济人特性。他们希望将科研成果转化为现实生产力，以获得经济利益。同时，为了使自己的研究成果得到社会的重视，往往从维护学科利益和学术权威的角度考虑转基因作物风险决策问题。因此，理应是"社会理性"和"公众良知"的专家学者，在科学研究越来越受到政治和经济力量影响和制约的现实环境下，并不必然代表或反映普通民众的利益，而是更多地关注经济利益和自身事业发展。

（4）中资公司

企业的根本特性在于追求利润最大化。但中资育种公司由于缺乏跨国生物技术公司"全球化经营、全环节利润、全市场覆盖"的优势，难以在国内种子市场条块分割、农户小规模经营、产业链未经整合的形势下，获得长足的发展。为了在短期内获得高额的利润和集约化、市场化、产业化的平台，会积极地与跨国生物技术公司合资、合作，甚至选择被兼并。

（5）农户

农户作为转基因作物的种植者，其利益诉求主要体现在经济利润方面。减少成本、提高产量、旺盛的市场需求是农户最直接的利益诉求。具体来说：①由于转基因作物的研究仍处于完善阶段，在商业化种植中可能会因某些技术缺陷（如基因沉默）而使种植农户蒙受损失，农户希望政府能对这种技术不确定性提供保障。②目前转基因作物种子市场基本形成了研发者技术垄断的格局，研发者以收取专利费的形式，将研发成本转嫁到种植农户身上，使得转基因作物种子比非转基因作物种子的价格至少高出三倍以上。转基因作物种子价格的大幅上升，增加了种植农户的生产成本，减少了农户种植转基因作物的经济利润。因此，种植农户希望适度降低转基因作物种子价格。③农产品市场需求决定了农户的种植行为选择，在市场需求不足或市场价格低迷的情况下，生产无利可图，农户往往会放弃种植转基因作物。因此，转基因作物种植农户希望提高转基因农产品的市场接受度，并获得价格支持。

（6）消费者

对于消费者来说，转基因产品的食用安全性是首要考虑的因素，即食用含有转基因成分的食品后，是否会对自己及子孙后代的身体健康造成损害。在食用安全性得到保障的前提下，消费者会考虑转基因产品的营养价值、价格高低、对生态环境的影响。因此，从短期利益来看，消费者在转基因作物风险控制中的利益诉求主要表现在人体健康、生活质量改善、经济效益最大化等。从长远利益来看，消费者的利益诉求主要表现在生态环境安全，以保证人类的生存和可持续发展。此外，由于在转基因作物发展和风险控制过程中存在着严重的信息不对称，加之缺少相关的专业知识，消费者对转基因作物的风险知之甚少，对转基因产品的知情权和选择权缺失严重，而且在风险决策过程中，消费者参与缺位严重，被排除在话语权之外。因此，消费者在转基因作物风险控制中的利益诉求还包括对知情权、选择权、参与权、话语权的保障。

（7）非政府组织

非政府组织是独立于政府体系之外、具有一定程度公共性质并承担一定公共职能的社会组织，具有非政府性、非营利性、公益性或共益性、志愿性等特点。也就是说，非政府组织不具备排他性的垄断权力，其活动不以营利为目的，提供的是社会所需要的各种形式的公共产品或服务，参与者和支持者基于自愿、自主的奉献和博爱精神，不存在外在的强制关系，但对公信力等社会资本有很强的依赖性。与转基因作物风险控制有关的非政府组织主要是一些关注转基因生物安全的消费者组织、生态环保组织。这些非政府组织在转基因作物风险控制中没有自己的特殊利益，仅仅从维护社会整体和人类整体利益出发，要求保证消费者利益最大化和生态环境保护效果最优化。同时，为了实现其组织目标，往往需要以各种形式吸纳社会公益或共益资源，争取政府和其他社会力量对其在财力和道义上的支持，尤其是公信力的支持，以表达组织参与者和支持者的要求、愿望、主张和建议，保证组织的生存和发展。

8.4　转基因作物风险控制过程中利益相关者的博弈分析

所谓博弈，一般是指个人、群体或组织，在一定的环境条件下，按照一定的规则或在一定的约束条件下，根据所掌握信息及对自身能力的认知，同时或先后，一次或多次，从各自可能的行为或策略集合中做出有利于自己的决策的过程（王宇红，2012）。博弈论主要是多决策主体基于个人利益的考虑而做出的符合自己利益的行动，反映博弈局中人的行动及相互作用间冲突、竞争、协调与合作关系的一种理论模型。作为表达利益相关方互动的经典理论和经济学的标准分析工具，博弈理论被广泛地用来解释政府政策制定过程中普遍存在的基于信息不对称和利益冲突的多方互动和策略选择现象。下面就转基因作物风险控制中国家管理部门与地方政府，政府与科研院校、企业、农户、消费者、非政府组织之间直接的利益博弈进行分析。

8.4.1　国家管理部门与地方政府

在转基因作物风险控制中，国家管理部门与地方政府基于各自利益的考虑，有着不同的行为选择。国家管理部门从全局、长远的角度强调转基因作物产业化发展与生态环境、人类社会可持续发展的协调，而地方政府则明显偏向于局部、当前的经济发展，其最大的效用偏好在于地方经济发展和财政收入增长的最大化，从而实现政绩最大化及政治晋升最大化。在转基因作物风险控制的决策与实施上，地方政府与国家管理部门存在"讨价还价"和"对抗"倾向。基于当前体制的特点，地方政府在落实风险控制具体政策时，会与国家管理部门的要求产生一系列的矛盾与冲突。

生态环境是一种外部效应很强的公共物品，转基因作物风险控制具有投资大、成果和效益显现滞后的特点，地方政府为控制转基因作物风险而产生的成本在短期内难以回收，相反会给地方政府带来暂时性的利益损失。在存在届别机会主义的体制下，地方政府主要考虑当前利益，只有在当前利益有保障的情况下才会考虑长远利益，或者在当前利益无法获得的情况下，才会迫于压力考虑长远利益，进行转基因作物风险控制。对于国家管理部门而言，是从长远利益出发着眼于转基因作物风险控制，实现农业发展与生态环境的协调、人类社会可持续发展，具有很强的社会效应。因此，国家管理部门与地方政府在当前还是长远利益的行为选择问题上都可能会产生矛盾和冲突。

　　转基因作物风险控制的外部经济性较强，国家管理管部门作为社会公共利益的集中体现者和维护者，注重于整个国家范围内转基因作物产业化与生态环境、人类社会的和谐发展。在存在政治锦标赛激励效应的体制下，地方政府囿于局部性、区域性的利益，往往采取"不作为"行为策略，或是寄希望于"搭便车"，其结果必然使全局性的风险控制失灵。因此，国家管理部门和地方政府无论在局部还是在整体利益的行为选择问题上可能会产生矛盾和冲突。

　　由此可见，地方政府基于当前的、局部的利益，以及风险控制成本和风险控制的非常态化和不可持续性的考虑，对生态环境保护、人类社会可持续发展等公共利益持"不合作"态度，使转基因作物风险控制陷入困境。同时，地方政府凭借所拥有的信息优势，往往采取"上有政策、下有对策"的方式，尽可能减少或避免自身利益的损失。最终的博弈结果是：国家管理部门积极进行风险控制，而地方政府放任转基因作物风险。

8.4.2　政府与科研院校

　　对于从事转基因作物研究的科研院校而言，尤其是对于转基因作物研发者而言，其首要目标是推动转基因作物产业化应用，以获得经济回报、扩大社会影响。他们强调转基因作物的安全性、转基因作物带来的经济效益、不实现转基因作物产业化应用的弊端等，并从技术专利、粮食安全和国家竞争等角度阐述加快推进转基因作物产业化进程的政策主张，认为我国政府不能因为不可预知的风险放缓转基因作物产业化进程（刘祖云等，2010）。在转基因作物产业化应用中，研发者以技术发展为衡量标准，但对于政府而言，转基因作物产业化的政策议题具有多重属性，它不仅仅是科技问题，还涉及经济、政治以及社会问题等诸多因素。因此，在转基因作物产业化应用中，政府面临着是否产业化以及产业化过程风险控制问题。实际上，相对于政府而言，研发者在转基因作物风险认知上具有信息优势。研发者对转基因作物商业化种植后是否具有风险以及风险的危害程度等风险信息掌握较全面，政府对转基因作物的风险认知和风险决策都是基于研发者的研究成果和专家意见。如果研发者被经济利益、社会影响或自身事业发展所俘获，可能隐瞒真实的风险情况，从而误导政府风险决策，不利于转基因作物风险控制。

对于反对转基因作物产业化的专家学者而言，他们坚持认为，只要不能排除转基因作物潜在的风险，产业化进程就应慎重推进。即使要推进转基因作物产业化，也应实行最严格的风险控制策略，这与政府的目标是一致的。在转基因作物风险控制中，这些专家学者和政府是一种合作博弈。他们会积极搜集转基因作物风险信息，呼吁风险控制的重要性和紧迫性，加强与政府、社会公众的风险交流，使政府的风险决策和风险控制策略更趋合理和科学。

8.4.3　政府与企业

企业作为转基因作物种子的生产者、销售者，是转基因作物种子扩散的重要媒介，从而间接成为转基因作物风险的传播者。作为"理性经济人"，企业首要也是最主要的目标就是追求利润最大化。在转基因作物产业化应用中，政府不仅关注其经济利益，也关注其对生态环境、人类社会可持续发展的影响。在转基因作物风险控制中，企业对政府决策的行为选择有两种：积极支持和消极抵制。在转基因作物的安全性问题尚不明确的情况下，政府对转基因作物商业化种植持慎重态度，严格控制转基因作物种子扩散。如果企业积极支持政府转基因作物风险控制决策，虽然可以实现政府利益的最大化，但会造成企业的利益损失。在当前转基因作物种子销售利润要高于非转基因作物种子的情况下，企业会加大对转基因作物种子的营销力度。甚至为了实现利润最大化，企业会肆意宣传转基因作物所带来的可观经济效益，而隐瞒转基因作物种植的风险，造成转基因作物种子的大规模扩散。加之在转基因作物种子扩散过程中，企业与政府之间在种子去向问题上存在严重的信息不对称，企业具有信息优势，导致政府对转基因作物风险控制无的放矢，无法采取针对性的区域性措施控制已经扩散的转基因作物风险，从而增加了政府的风险控制成本。

8.4.4　政府与农户

农户种植转基因作物的意愿受到多因素影响。除高产量、低成本、易销售等与农户经济利益直接相关的预期外，农户种植意愿越来越受到对转基因作物及产品的风险认知、评价和预期的影响（王宇红，2012）。一般来说，转基因作物及产品风险预期越高，农户的种植意愿越低。目前我国农户文化素质普遍偏低，关于转基因作物的科学知识相当匮乏，农户对转基因作物的风险预期完全依赖于政府的指导。对于政府而言，在转基因作物风险控制中，一方面不希望损害种植农户的利益，造成负面的社会影响；另一方面希望种植农户能严格执行风险控制措施，最大限度减少转基因作物种植对生态环境的潜在风险。如果农户的认知权和选择权未得到保障，在毫不知情的情况下种植转基因作物，由于不了解相关风险信息，或没有准确的风险预期，就不会采取必要的风险控制措施。如果农户被告知相关风险信息，且政府要求转基因作物农户必须采取相应的风险控制措施，但由于风险控制成本会造成一定的利益损失，农户为追求经济利润最大化可能会对政府制定的风险控制措施采取"不执行"态度，导致政府风险决策面临执行层面的失灵问题。

8.4.5　政府与消费者

决定转基因作物商业化种植与否的一个重要因素是消费者对转基因农产品的接受程度，消费者的购买意愿和行为取向受到转基因产品相关信息的知情程度、转基因产品的性状和安全风险的比较判断等因素的影响（王宇红，2012）。转基因作物商业化种植后潜在的生态风险、转基因食品食用后的健康风险，直接牵涉到生态环境的安全问题，关乎人类的生存和发展，消费者有权知道转基因作物可能存在的安全性问题。但由于转基因作物的知识性较强，除非政府主动公开转基因作物风险信息，消费者很难从其他渠道，也没有能力获得这类信息。如果政府未公开转基因作物风险信息，也未将消费者纳入转基因作物风险决策中，在当前转基因作物安全性尚无定论的情况下，会增加消费者对转基因作物的抵触心理，同时使政府决策和政策执行缺乏社会公众的监督，易导致转基因作物风险控制流于形式。因此，政府作为消费者利益的维护者，需要主动公开转基因作物风险信息，保障消费者的知情权，确保消费者科学、客观地了解、认知转基因作物，消除消费者对转基因作物不必要的疑虑与偏见。同时，在转基因作物风险相关政策制定过程中引进消费者的参与，充分保障消费者的参与权和话语权，增强消费者对政府相关决策机制的信任，并为政府决策和政策执行提供有效监督，确保转基因作物风险控制落到实处。

8.4.6　政府与非政府组织

政府是社会公共利益的代表，非政府组织具有社会公益性，追求公共或共同利益，二者的利益诉求在某种程度上具有一致性。在转基因作物风险控制中，政府和非政府组织的行为选择，从政府的角度看，分为作为和不作为两种；从非政府组织的角度看，对政府决策分为合作和不合作两种。那么，政府与非政府之间的利益博弈就会出现四种情况。

①政府作为，非政府组织积极配合政府决策，双方利益诉求得以实现，并且整体利益达到最大化，即转基因作物风险控制达到最优状态。

②政府作为，非政府组织因质疑政府的决策和决策执行能力采取"不合作"态度，而是借助于媒介广泛宣传转基因作物商业化种植对生态环境、人类健康、社会可持续发展造成的负面影响，引起普通民众的关注和支持，通过外压模式迫使政府作出更合理的决策，并努力提高其决策执行能力。

③政府不作为，非政府组织合作，也就是说，政府放任转基因作物风险，非政府组织则要求对转基因作物风险加以控制，此时双方关系十分紧张，非政府组织会增加对政府的外在压力，政府则可能不让非政府组织行动，甚至取缔。

④政府不作为，非政府组织不合作，社会公共利益被忽略，转基因作物风险控制无从谈起。

第9章　我国转基因作物风险控制责任 机制构建及风险管理完善

9.1　我国转基因作物风险控制责任机制构建

9.1.1　转基因作物风险的社会控制观

在技术评估中存在一个十分著名的难题，即科林格里奇困境。它是对技术的社会控制困境的经典表述，由英国社会学家大卫·科林格里奇（David Collingridge）在其名著《技术的社会控制》中首次提出，其基本含义为：在一项新技术发展的初级阶段，无法预料该项新技术可能引发的社会后果，只有当技术发展到较成熟阶段时，才能发现非预期或不希望的社会后果，但此时，该项技术已成为整个经济和社会结构的一部分，以至于很难对其进行控制，甚至可以说，几乎不可能对其进行控制，这就是技术控制的困境。当对技术的控制比较容易时，无法预测技术控制的必要性；当意识到对技术控制的必要性时，控制却变得昂贵、困难和耗时间（肖雷波等，2012；顾益，2014）。显然，科林格里奇困境表明了在对技术进行社会控制时，面临着知识和方式在时间上的两难问题：一方面，在技术发展的初期阶段，其对社会的影响较小，渗透广度和深度均有限，可以较容易地实现对该技术的控制，但是由于受到有限理性与知识不完备的限制，不能对其可能构成的社会冲击进行准确预测，因而不知采用什么样的方法或方式去控制技术；另一方面，在技术发展的成熟和扩散阶段，已对社会产生较深远的影响，几乎渗透进经济和社会的各个方面，虽说相关知识较完备，但需要考虑众多技术之外的因素，因而很难实现对技术的独立控制，而且还存在代价巨大、耗时较长、见效慢等问题。有学者指出，解决科林格里奇困境，实现对技术的有效控制就是要在技术建构的过程中通过转译活动将更多的异质行动者纳入到技术控制过程中，不断地扩展行动者网络，并考量这些异质行动者的利益和所面临的问题，同时确保其在技术控制中的权利（顾益等，2014）。

转基因作物作为转基因技术在农业领域的一项重要应用，其发展同样面临着科林格里奇困境。在转基因作物的研发阶段，往往缺少足够的关于其可能的非预期风险的信息来指导风险控制；当转基因作物进入产业化应用阶段后，其可能的非预期风险逐渐显现出来，但由于已经广泛扩散，对其进行风险控制需要付出高昂的代价，且效果并不显著。转基因作物带来的经济社会效益和对生态环境、人类健康可能的潜在危害使人们在对其是促进还是控制上常常存在分歧。显然，要使其健康持续地发展，仅从技术的自然属性层面来研究其风险控制策略是不够的。社会中的不同利益相关主体对其风险控制有很大的影响，必须关注其社会属性，尤其是要考虑技术与社会之间的互动协调。因此，对转基因作物风险的社会控制，不仅要关注对风险后果的评估，更要关注转基因作物商业化种植过程中的风险控制，力图通过促进相关社会因素的持续参与，尤其是促进利益相关者参与风险决策的讨论，并通过利益博弈和协商机制在商业化种植过程中实现风险控制。在这个过程中，必须把握好以下四个关键。

（1）控制主体的多元性

拉图尔、皮克林和哈拉维等科学研究领域的代表人物指出，任何科学和技术并不单一由外在的自然决定，也不是单一依赖于社会建构，而是由自然资源、自然环境等自然因素（即非人类物质行动者）与社会行动者在特定的情境下共同建构的。因此，解决科林格里奇困境需要考虑所有利益相关行动者之间的民主协商、利益博弈等辩证互动关系。具体到转基因作物风险的有效控制，其主体不能仅局限于转基因作物研发者，管理的责任也不能仅局限于政府，而需要更广泛的社会因素参与，如对转基因作物产业化发展进行反馈和施加社会影响的利益相关行动者、为产业化决策提供服务的安全评价机构以及外国政府、跨国公司等其他跨国别的利益相关者等。

（2）控制过程的动态性

如果从纵向发展的角度考察转基因作物的安全性，显然，其安全性具有动态特征。这种动态性，主要是指从时间维度上看，随着转基因作物的发展依次进入实验室研究、中间试验、环境释放、生产性试验、商业化生产阶段，其对生态环境、人类健康的潜在风险等原来不确定的因素逐渐清晰，而且随着风险评估和控制水平的提高，判断安全性的标准和风险控制目标也会不断发展和变化。因此，对转基因作物风险的安全控制，应积极介入转基因作物发展的每一个阶段，在动态发展中持续对潜在的风险因素进行控制。

（3）控制安全的相对性

任何一项新技术的出现，必然伴随着一定的风险。由于受到科学技术发展的主客观条件制约，绝对不产生任何负面影响的技术是不存在的，其差异仅在于负面影响出现时间的早晚和影响程度的大小。因此，对转基因作物风险的安全控制，只是一种相对安全性，主要体现在三个方面：一是安全的时效性，即基于对风险的认知程度，在某一时期认为是安全的，在风险信息更完备阶段则可能被认为是不安全的；二是风险控制的可接受程度，即转基因作物在正常的生态环境条件下，最低不会对生态系统、自然环境造成损害的实际确定性；三是安全的可比性，即相对于采用传统遗传育种方法培育的农作物，转基因作物对生态环境、人类健康是否更具有危害性，如传统非转基因作物中同样存在着害虫对杀虫剂的抗性问题，应明确转基因作物害虫抗性风险控制的标准。

（4）控制结果的试验性

风险控制过程的动态性在一定程度上就决定了控制结果的试验性。有限理性和不同社会群体的价值判断差异使风险决策者难以确定最优化的风险控制目标。随着转基因作物产业化进程的推进，各类风险控制成本的增长必然导致沉没成本、锁定和路径依赖等不可逆结果的出现。这就意味着转基因作物风险控制依然具有试验性质，需要通过风险知识的不断积累和不同社会群体的相互协商提高控制结果的准确性和可靠性。

9.1.2　转基因作物风险控制责任机制的形成机理

制度的形成是博弈的结果，博弈的均衡即表现为制度。转基因作物风险控制责任机制的构建，其实质就是国家利用权力或权利机制对转基因作物产业化进行规制的过程，是利益生产和利益分配的过程，也是利益平衡—利益冲突—利益博弈—利益平衡的动态平衡过程（刘旭霞等，2009；刘祖云等，2010）。由上面的分析可知，转基因作物风险控制中存在着多元的利益相关者，也存在着多元的利益诉求，这就使得利益差别和利益冲突必然存在于转基因作物风险控制的社会实践中。尽管存在着多元的利益相关者，但国家管理部门作为平衡和稳定错综复杂的博弈关系的关键力量，是转基因作物风险控制责任机制构建的主体，决定政策议程的最终设置。任何博弈关系中的利益相关者都希望在动态博弈中实现利益最大化，因此，转基因作物风险控制责任机制构建的过程，本质上就是国家管理部门协调各利益相关者之间利益差异和利益冲突的动态过程。为此，要实现转基因作物风险的有效控制，国家管理部门必须从利益平衡的角度对其进行理性分析，形成多元利益主体共同治理、责任共担的格局。

9.1.3 转基因作物风险控制责任机制的形成过程

在转基因作物风险控制责任机制构建过程中，国家管理部门作为关节点，通过"转译链接"机制，来实现各利益相关者的利益均衡和共同参与。"转译链接"机制一般经历问题化、权益化、摄入和激活四个过程（洪进等，2011）。具体来说：问题化过程是利益结盟过程，即由政策议程的发起者提出符合其他利益相关者的合作方案，使发起者和其他利益相关者结成联盟。权益化过程是发起者采取一系列行动，来影响并固化由其通过问题化过程而定义的其他利益相关者的角色。在这一过程中，发起者往往采用各种不同的手段和策略得以实现其目标。对于所涉及的利益相关者而言，这一过程有助于将所有实体纳入政策议程中。另外，权益化过程试图破坏所有潜在的利益博弈关系，以构建一种全新的、有利于实现"关节点"目标的联盟系统。摄入过程是指成功的权益化使得利益相关者被纳入政策议程后，他们就成为发起者某项政策决策的参与者，即其利益被转移到所采用的决策中来。激活过程是指发起者成为整个联盟系统的代言人，进而对利益联盟行使权力。

在转基因作物风险控制责任机制的形成过程中，国家管理部门的转译过程分为四个阶段。首先，在问题化阶段，各利益相关者被国家管理部门纳入到如何有效控制转基因作物风险的政策议程中。在这个阶段，转基因作物风险控制处于无序状态，只有多元利益相关者共同参与和相互合作，才能实现对转基因作物风险的有效控制。而各类利益相关者是否能主动参与转基因作物风险控制，主要取决于他们在风险控制过程中对成本收益的评估。当转基因作物风险控制所引起的成本大于所获得收益时，利益相关者倾向于放弃风险控制主动权，由此导致利益失衡，从而造成转基因作物风险控制失灵。为了实现利益平衡，国家管理部门将转向"权益化"。其次，在权益化阶段，国家管理部门面临的一个重要挑战是：如何在权益化过程中强化其他利益相关者在问题化阶段所界定的角色和身份，进而在打破原有利益均衡的同时，构建一种新的利益均衡。然而，在权益化过程中各利益相关者由于受到单纯追求自身利益最大化倾向和各种障碍因素的影响，并不容易实现利益转译。作为"关节点"的国家管理部门只有在实质上解决这些障碍因素后，才能顺利进入第三阶段的摄入过程。再次，在摄入阶段，国家管理部门将所有利益相关者纳入到转基因作物风险控制中来，进而形成利益共享、风险共担的格局。最后，在激活阶段，国家管理部门成为所有利益相关者的代言人，并对转基因作物风险控制的结盟系统进行掌控，最终实现转基因作物风险的有效控制。

9.1.4 转基因作物风险控制责任机制的构建路径

9.1.4.1 构建科学的责任分配机制

在转基因作物风险控制中，涉及多元化的利益相关者，要根据各利益相关者的权利—利益特性，合理界定各利益相关者的权责分配，正确处理政府部门内部以及政府与其他利益相关者之间的权责关系，真正做到权责对等、责任明晰。

（1）实施转基因作物风险的分类管理，厘清政府部门之间的权责分配

在公共事务管理中，由于分类管理不够科学，权责不清晰，政府部门之间争功诿过的现象频繁发生。因此，要确保转基因作物风险控制责任在各政府部门之间清晰的分配，首先要从科学的分类管理开始。各级

政府根据转基因作物风险的属性和特征，在政府部门之间进行清晰的权责划分，将性质相同或相近的风险归属于同一个政府部门进行管理。积极解决转基因作物风险控制中存在的职能交叉、权责分离、多头多重执法、运作不畅等问题，努力实现政府内部责任的明晰化。同时，还要通过有效的区域合作解决风险控制中的区域交叉问题。

①明确国家管理部门之间的权责分配。转基因作物风险控制牵涉到农业、科技、环境保护、检验检疫、商务等多个国家管理部门，为了防止出现管理上的缺位、越位等现象，要明确各部委的主要职责。当确实需要若干部门共同承担交叉职能时，在履行职能时要明确主办与协办、牵头与配合的关系。

②明确纵向政府之间的权责分配。要积极协调纵向政府间权力—利益关系，合理划分国家管理部门与地方政府、上级政府与下级政府之间的权力和责任，做到权责统一。

③加强横向政府之间的合作。我国幅员辽阔，转基因作物风险控制需要不同地域所属政府部门的合作。一方面，地方政府之间要主动合作；另一方面，国家管理部门要大力推动区域间政府合作，以减少地域间的利益冲突和责任推卸，突破转基因作物风险控制的地域障碍。

（2）积极引导其他利益相关者承担转基因作物风险控制责任

社会公众既是公共权力的行使者，也是相应公共责任的承担者。因此，要积极引导社会公众，促使其在转基因作物风险控制中承担相应的责任。在转基因作物风险控制中，涉及的利益相关者众多，其中不乏具有组织性较好和社会责任感较强的利益相关者，他们往往有能力也有意愿加入到转基因作物风险控制中来。政府要采取各种措施，引导这些利益相关者，让他们积极参与到转基因作物风险控制中来，积极承担起相应的责任。对于那些注重自身利益、不愿承担风险控制责任，但有直接利益关系的利益相关者，政府要采取激励或强制措施，将其纳入到转基因作物风险控制中来，使其在享受利益的同时承担起相应的责任。

9.1.4.2 构建合理的责任实现机制

在转基因作物风险控制过程中，清晰的责任分配仅仅是责任机制构建的基础，还必须有相应的责任实现机制，同时，鉴于权力的行使者天然地具有逃避责任的倾向，还应当建立有效的激励机制和监督机制，以确保风险控制责任的实现。

（1）优化责任落实机制，防止责任虚空

当前，在转基因作物安全管理中的许多事务实际上是由政府授权给其他公共部门执行的，如转基因作物风险评价、安全检测等都是由科研院校或其他专门检测机构来承担，可以说这些公益性组织承担了重要的安全管理责任。这些公益性组织受政府委托执行风险控制和管理过程中涉及的风险评价、安全监测等方面的技术支撑，但并不对风险评价、安全监测结果负责。这样一来就造成了政府拥有管理权力，却并不实际执行具体管理事务，而公共部门实际执行具体管理事务，但不承担管理责任的局面，这显然是不合理的。因此，一方面应增强转基因作物风险控制中公共部门对社会公众的回应能力，另一方面应适当减弱公共部门对政府的依赖，增强公共部门的责任履行能力。

（2）建立责任激励机制，促进责任实现

从行为组织学的角度来看，任何组织目标的实现，都离不开组织内所有成员的积极参与，但基于"经济理性"，组织成员并不天然地参与进来，需要采取激励措施调动其积极性。具体到转基因作物风险控制：一是要在政府部门推行绩效评估，促进政府部门目标责任制的建立，充分发挥政府部门的工作积极性，加强其责任感，通过组织绩效的实现推动公共管理责任的实现。在绩效评估中，要坚持内部考核与外部考核、过程考核与结果考核、定性考核与定量考核、年终考核与日常考核的有机结合，动态反映政府部门风险控制工作的实际情况，努力实现主观愿望与客观效果、价值取向与功能效用的统一。二是要加强利益相关者的责任意识教育，促进外在责任内在化。对于利益相关者而言，任何法律、法规等制度层面的责任都是消极的、被动的、甚至是强加的责任，只有道德责任才是积极、主动的责任。因此，需要加强利益相关者的责任意识教育，促进他们的责任认同感，培养他们充分的道德责任意识，增加其行动积极性，变"被动责任"为"主动责任"，以确保责任的实现。

（3）建立责任监督机制，避免责任失控

责任监督是一种事前控制，是在责任履行过程中对责任主体实施监督，克服原有责任机制的消极性，通过监督防止责任失控，促进责任的实现。一般来说，责任监督分为内部监督和外部监督两个方面。内部监督是指利益群体对内部成员的责任监督；外部监督是指特定利益群体之外的其他利益相关者对其进行的责任监督。

一是要推进伦理制度建设，促进主观责任的客观化。道德责任具有先天的软弱性，通常是难以法律化的，它的履行只能依赖于责任主体的主观自觉。虽然可以通过道德教育加强责任主体的责任意识，但仅仅靠教育无法克服其软弱性。因此，为了弥补道德责任的软弱性，必须加强利益相关者的伦理制度建设，进行道德立法，要将社会公认的道德准则制度化，将"软要求"变成"硬规定"，为监督道德责任提供明确准则，促进主观责任的客观化。

二是要改进专家和政府合作博弈的政策议程模式，大力引进社会公众参与。目前大部分社会公众对转基因作物相关政策的制定缺乏了解，公众意见对转基因作物相关政策议程设置的作用微乎其微，甚至在某种程度上，社会公众被排斥在转基因作物风险控制政策议程之外，他们不是这一政策决策的参与者，但他们是受政策影响的重要"政策客体"（刘祖云等，2010），关心相关责任的履行情况，对责任的监督也十分积极。因此，要大力引进公众参与，形成一股强大的外部监督力量，通过不断将他们的利益诉求和意愿反馈至相关责任主体，迫使相关责任主体加以回应，确保责任的实现。

9.1.4.3 构建严格的责任追究机制

责任追究机制作为一种事后监督，是责任实现的后续保障。严格、有效的责任追究机制可以对责任主体形成强大的履责压力，有利于责任的实现。完善的责任追究机制主要由政治机制、法律机制和社会机制构成。因此，要建立严格的责任追究机制，必须做好以下几方面的工作。

（1）完善相关法律制度，严格法律责任追究

目前我国对转基因作物安全管理相关责任的追究主要依靠行政法规、条例，缺少专门性和针对性的法律规范。因此，要加快转基因作物安全管理责任立法，建立健全符合我国国情的转基因作物安全管理的法律体系。鉴于转基因过程的新颖性和转基因作物风险的特殊性，相关的风险控制责任法律制度，应当针对转基因过程而设立，以便于责任的追究、经济损失的挽回和风险的有效控制。同时，要加强针对利益群体的

责任立法。在转基因作物风险控制过程中，政府、科研院校等利益相关者作为一个整体，通常负有比个人更大的责任。多数情况下，仅仅追究个人责任是难以挽回损失的，也无法有效控制风险的扩散。因此，要加强针对利益群体的责任立法，在追究个体责任的同时，严格对利益相关群体责任的追究。

（2）完善行政问责机制，实现责任的直接追究

为有效规范转基因作物风险控制中利益相关者的法律责任，可以制定相关行政问责条例，并从行政问责主体、问责程序、问责范围等方面完善行政问责机制。首先，建立异体问责制。对于我国转基因作物风险控制行政问责来说，不仅要稳定行政系统内部的问责体系，更要强化司法、新闻媒体、普通民众的异体问责，积极推进异体问责的法制化进程。其次，规范行政问责程序。要确保行政问责过程的透明、公开，防止行政问责的随意性和制度的扭曲，保证行政问责有序进行，以增强各利益相关者对行政问责的信心，最后，拓宽行政问责范围。不仅要对转基因作物风险控制过程中滥用职权的行为进行问责，还要对隐瞒欺骗、故意拖延、推诿扯皮、效率低下等不履行或不正确履行责任造成不良影响和后果的行为进行问责（徐景波，2014）。

（3）发展舆论追究

在当今的信息社会，舆论的影响力量是强大的，舆论监督已成为外部监督的重要组成部分。对于转基因作物风险控制而言，涉及众多的利益相关者，舆论监督是不可或缺的。一是要放松政府对新闻媒体的管制，加强风险信息交流。当前，公众不能及时、充分获得关于转基因作物风险的真实信息，在一定程度上阻碍了社会公众在转基因作物风险控制中发挥舆论监督作用，更不用说对社会公众相关责任主体进行责任追究。新闻媒体作为普通社会公众获取风险信息的主要渠道，要加强风险信息交流，发展舆论监督，就必须放松对新闻媒体的管制。二是要推进风险信息公开制度建设。在确保信息内容的实质性的同时，要确保信息公开方式的合理性，以加强社会公众对责任主体的责任追究力度。所谓信息内容的实质性，是指要公开那些具有实质意义、真正为公众所关注的信息，而不是那些老生常谈的信息，避免"新瓶装旧酒"；而信息公开方式的合理性，是指要选择那些便捷性好、可获得性强、使用频率高

的方式或渠道来公开信息，杜绝"隐蔽性公开"。

（4）重视自我问责意识培育

在转基因作物风险控制的实际中存在着很多特殊情况，仅仅依靠针对社会普遍现象而制定的法律制度和行政法规、条例，难以保证责任追究的效果。只有培育责任主体的自我问责意识，才能增强责任追究的实际效果。可以说，自我问责意识培育是严格责任追究的重要保障。其中，引咎辞职制度是为了加强政府管理部门中责任主体的自我问责意识而建立的一种责任追究制度。为了严格规范转基因作物风险控制中政府部门的责任追究，要进一步健全引咎辞职制度，不仅要规定引咎辞职的使用情况，更要明确规定责任主体辞职后的任用、升迁等问题，确保自我问责制度真正起到责任追究的作用。

9.1.5　转基因作物风险控制责任机制的保障措施

9.1.5.1　健全有效的公众话语机制

我国转基因作物相关政策的制定过程，是众多利益相关者根据自身的利益进行行为选择并相互博弈的过程，但由于博弈规则的模糊和话语机制的不对等，并没有实现所有利益相关者的参与。目前我国关于转基因作物相关政策议程设置和通过的实际表明，专家学者掌握了相关政策制定的话语主导权，普通公众并没有成为参与者，甚至毫不知情（刘祖云等，2010）。有学者指出，中国转基因作物发展模式是知识与权力结合最为充分的体现（郭于华，2005）。普通公众尚未了解或未完全了解相关政策制定的信息和过程时，一个专家和政府合力制定的政策议程和决定就已经呈现在他们面前。也就是说，普通公众仅仅是政策的被动接受者或"政策客体"，而没有作为利益相关者直接参与其中。虽然在政策制定过程中，专家学者是联系政府与普通公众的纽带，但有时专家学者的意见并不必然代表或者反映普通公众的利益。特别是当某些专家学者为了寻求发展会力图通过接近体制的方式影响具体政策的制定与执行时，必然会轻视普通公众的利益。因此，必须健全有效的公众话语机制，为各利益相关者提供开放的、合法的利益表达渠道，使其在相互博弈和沟通中达成共识，提高转基因作物风险控制相关决策的确定性和科学性。

一方面，要确保公众话语权的真实性。在转基因作物风险控制相关政策制定过程中，普通公众话语权、专家学者话语权和政府话语权是一种平等的结构性关系，同时又相互对抗、辩驳。为了避免陷入政府的独白性言说，或政府与专家学者的倾力合作，要给予普通公众充分的争辩、论证、反驳的话语权。此外，为了避免"说而不听""听而不证"，要充分重视普通公众的话语权，使公众通过行使话语权，表达自己的利益诉求，并提供各种有效信息，增加决策过程的开放性和透明性。

另一方面，要形成公众话语权的常态机制。转基因作物风险控制具有一定的前瞻性和主动性，这就要求公众话语权的分享也要具有前瞻性。除了简单的听证或成为咨询委员会的成员等形式外，普通公众参与决策更要形成一种常态机制，如定期召开公众论坛、开展民意调查、举办辩论会等，使普通公众能够充分、及时的表达利益诉求，实现普通公众与政府、专家学者的稳定、双向沟通。

9.1.5.2　完善风险交流机制

由于关系到切身利益，近年来公众对转基因作物的关注不断增加，其中，新闻媒体是公众了解转基因作物及产品的主要渠道。转基因作物作为现代生物技术的产物，许多不确定性问题尚待解决，关于安全性和潜在风险问题并未达成共识。新闻媒体不当的风险信息传播，将导致公众对转基因作物及产品采取盲目乐观或悲观的态度。由于公众对负面信息的敏感性高于正面信息，新闻媒体对转基因作物安全性和风险性的大肆渲染，易引起消费者的高度紧张和恐惧。在媒体和心理因素的双重作用下，这种高度紧张和恐惧心理将被无限放大，如果以非理性的方式传播开来，将导致公众对转基因作物及产品，乃至转基因技术的抵触。此种背景下，公众可能通过破坏力的行动和社会事件来表达对政府相关政策的不满，与政府政策形成对抗局面。因此，亟须构建有效的转基因作物风险交流机制，实现风险信息在不同利益相关者之间的平等交换与共享，正确引导公众客观理性认识转基因作物，从而为转基因作物风险控制提供强大的外部支撑。

一是要明确转基因作物风险交流中的各主体关系。在转基因作物风险控制中，专家学者是掌握知识的利益相关者，政府部门是掌握权力的利益相关者，二者掌握了社会话语权，是相关风险决策的主要参与者和制定者。由于普通公众自身缺乏对转基因作物的基本知识，也缺少获得相关知识的渠道，很难有效参与风险交流。同时，政府部门对普通公众能力的不信任，也导致普通公众在风险交流中的"失语"。因此，政府部门、专家学者与其他普通公众之间应形成一种伙伴关系，实现有效的沟通与信任。在风险交流和决策中为各利益相关者搭建对话交流平台，形成"全面告知风险—问政于民—普通公众建言献策"的多重互动的非线性沟通、交流模式，促进各利益相关者之间的平等对话。

二是要增强转基因作物风险信息交流内容和方式的针对性。一方面，在风险交流中要区别对待不同背景的利益相关者。根据对转基因作物的了解程度、风险感知和接受程度，找出不同利益相关者所关注的风险信息，确定风险信息交流的内容与方式，并预测其对风险控制措施的反应，制定相应的应对策略。另一方面，在面对谣言和负面信息时，要及时纠正片面或错误信息。目前互联网等新媒体的迅速发展，在为公众增加了信息供给量的同时，由于信息内容的多元性、复杂性和良莠不齐，增强了部分公众对转基因作物的风险感知，甚至造成部分公众对转基因作物的恐慌，谈"转"色变。在转基因作物风险交流过程中，要加强风险信息内容的监管，及时纠正片面报道或错误信息，为各利益相关者提供客观准确的转基因作物风险及相关决策信息。

9.1.5.3 加强"制度性信任"建设

有研究指出，我国公众对转基因作物接受程度不高，一个重要原因就是普通公众对政府治理能力的不信任（何光喜等，2015）。在面对转基因作物时，普通公众的风险感知和决策行为在很大程度上依赖于政府、专家学者、新闻媒体等各类专业系统的制度性信任。一旦这种信任下降或丧失，将会加剧普通公众对转基因作物的恐慌与排斥。因此，要重视"制度性信任"作为"社会资本"的力量，提高政府部门、专家学者、新闻媒体等专业系统的公信力，提升普通公众对转基因作物的信心。

一方面，相关政府部门要进一步提高转基因作物风险决策制定的透明性，使普通公众充分了解相关的政策规定和风险控制措施，消除公众的担心。在保护商业机密的前提下，应完整记录转基因作物安全评价和安全管理决策过程，并将这些记录和决策过程中形成的相关报告提供给所有的利益相关者，接受公众审查。同时，政府部门要广泛听取普通公众意见，并对相关风险问题及时作出科学答复。

另一方面，要进一步提升专家学者"社会理性"和"公众良知"形象，政府部门和科学共同体等组织要坚决维护不同立场专家学者参与转基因作物相关公共议题讨论的权利，消除其参与讨论的后顾之忧，避免出现"为寻求发展，以接近体制的方式影响具体政策的制定与执行"的现象，使专家学者真正成为普通公众利益的代言人，提高普通公众对专家学者的信任感。同时，要充分发挥专家学者的公信力优势，鼓励、引导不同立场的专家学者之间就转基因作物相关议题展开公共讨论，在科学界内部充分讨论交流的基础上，向公众传递清晰、准确的风险信息。

此外，要建立政府部门、科技界与新闻媒体之间的制度性合作交流，维护新闻媒体的独立性，避免新闻媒体成为某些利益集团、组织宣传其主张的工具，同时充分发挥互联网对谣言信息的"自净"功能，提高新闻媒体对转基因作物风险问题报道的客观性、准确性和科学性，增强公众对新闻媒体所传播信息的信任度。

9.2 完善我国转基因作物风险管理的建议

9.2.1 健全技术指南和指导性文件，增强政策法规的可操作性

在现有法律、法规框架内，进一步细化不同类别农业转基因生物在实验研究、田间试验、环境释放和安全证书等不同阶段和生产、加工、经营、进出口等不同环节的许可程序和技术资料要求，对于每类新型农业转基因生物的申请、审批、监督管理与安全监控等活动制定技术指导性文件，增强法规的可实施性和可操作性。如目前急需的转基因作物环境释放、生产性试验的安全检查指南，复合性状转基因植物安全评价指南等。

9.2.2 完善农业转基因生物标识管理制度

在标识管理制度上，可参照欧盟的做法，在对农业转基因生物进行

安全评估的基础上，将目前的定性标识改为定量标识，实施标识阈值管理。凡是产品中转基因成分低于阈值的，可以不标识。同时，取消阴性标识（如非转基因或无转基因），以免引起公众误解或歧视农业转基因生物。此外，在当前我国主要农产品存在强烈刚性进口需求的现状下，要及时更新实施标识管理的农业转基因生物目录，以有效保障国内农业转基因生物安全，推动我国农业转基因生物产业的健康发展。

9.2.3 建立全程跟踪制度，实现农业转基因生物安全管理的可追溯

整合农业部、国家质检总局、国家食品药品监管总局等部门已有的可追溯系统，加强农业转基因生物生产、加工、经营、进出口等环节信息有效衔接，形成环环相扣、无缝式的全程追溯链条。在建立全程可追溯体系时，可以采用两种途径：一种是从前向后进行追溯，即从农业转基因生物生产（实验研究、田间试验、环境释放、生产性试验和安全证书）、加工、运输到经营，主要用于查找农业转基因生物安全问题的源头；另一种是从后向前追溯，即在发现安全问题后，可以向前层层进行追溯，最终确定问题源头所在，主要用于农业转基因生物召回。同时，建立全国统一的农业转基因生物安全追溯公共信息平台，完善溯源认证数据库，方便公众检测和监督农业转基因生物安全。

9.2.4 加强公众交流，提高信息透明化程度

建立适宜的公众参与机制，就农业转基因生物的科学、经济、社会影响以及政府安全管理政策措施等与公众开展客观、公正、全面的交流与沟通，鼓励和支持公众就农业转基因生物的研发可能性、潜在风险等问题展开公开讨论。同时，农业转基因生物安全管理部门要将与安全评价、审批等有关的程序、结果等信息，以及参与安全评价、审批等专家构成信息以适宜的渠道向社会公众公开，保证普通公众能及时方便地获得相关信息，从信息公开程度和获取信息途径两个方面努力提高农业转基因生物安全管理信息透明化程度。此外，还要建立信息反馈机制，使管理部门能够及时准确地获得公众的意见，提高政府决策的效力，保障农业转基因生物安全管理和风险控制等政策的顺利执行。

9.2.5　建立农业转基因生物安全管理绩效评价机制

为实现政府管理部门农业转基因生物安全管理绩效评价科学化、规范化、制度化，推动我国农业转基因生物安全管理良性运行，必须建立完善的绩效评价机制。首先，在主体评价机制方面，要建立健全评价领导机构、公众参与机制、专家评价机制以及评价主体与客体的互动机制，力求使农业转基因生物安全管理绩效评价客观、公正、公平。其次，在激励机制方面，要把物质激励与精神激励、个人激励与组织激励、一般激励与权变激励结合起来，充分调动农业转基因生物安全管理部门与个人的积极性、主动性和自觉性。最后，在约束机制方面，要建立健全评价责任机制、申诉机制和监督机制，防止绩效评价权力腐败，增强绩效评价的效力。

第 10 章 结 语

中国是国际上农业生物工程应用最早的国家之一，经过近 30 年的努力，我国形成了具有"自主基因、自主技术、自主品种"的转基因发展格局，转基因生物育种整体研发进入国际先进水平。但中国一直面临着转基因作物进一步商业化问题的两难选择。一方面希望通过推进转基因作物产业化在保障国家粮食安全和农产品有效供给的同时，抢占未来经济科技竞争制高点，获得国际竞争的先机。另一方面出于对转基因作物产业化后潜在风险问题的担忧，对其推广应用慎之又慎。

本书的研究结果表明，转基因作物风险等级属于中等稍偏低的水平，其中，转 Bt 基因棉花生态风险的总体风险等级属于"中等"。这说明在我国推动转基因作物的商业化应用具有一定的可行性，面临的风险状况相对良好，但仍应对各风险因素引起重视。研究结果还表明，转基因作物风险控制涉及政府、科研院校、企业、农户、消费者、非政府组织等诸多利益相关者，通过平衡这些利益相关者的多元利益诉求，构建合理的风险控制责任机制，不断完善转基因作物风险管理，有利于推动转基因作物产业化进程。

此外，作为本研究的延伸，笔者简要介绍 3 个相关的问题，这些问题也可以看作下一步的研究方向。

（1）转基因作物商业化应用后的潜在风险较多，风险评价指标体系建立的完整性有待进一步改进。例如，风险因素在转基因作物的不同发展阶段会有不同变化；由于评价系统的动态性，随着转基因作物周围环境和发展状况的变化导致新的细化指标的生成等。

（2）限于对转基因作物生态风险复杂性的认知水平、时间限制、数据的不充分等，在生态风险等级测度方面，本研究仅限于国内已大规模商业化种植的转 Bt 基因棉花。鉴于目前国内对转基因大豆、转基因水稻是否应商业化种植的争议甚嚣尘上，对其进行客观、科学的生态风险等级测度，是值得进一步研究的课题。

（3）转基因作物风险控制中涉及众多利益相关者，其利益博弈过程十分复杂。本研究仅限于政府与其他利益相关者的博弈分析，虽对风险控制责任机制构建具有一定的借鉴意义，但没有综合考虑到各利益相关者之间的博弈过程，应是继续研究予以解决的问题。

附录1　农业转基因生物安全管理条例

第一章　总则

第一条　为了加强农业转基因生物安全管理，保障人体健康和动植物、微生物安全，保护生态环境，促进农业转基因生物技术研究，制定本条例。

第二条　在中华人民共和国境内从事农业转基因生物的研究、试验、生产、加工、经营和进口、出口活动，必须遵守本条例。

第三条　本条例所称农业转基因生物，是指利用基因工程技术改变基因组构成，用于农业生产或者农产品加工的动植物、微生物及其产品，主要包括：

（一）转基因动植物（含种子、种畜禽、水产苗种）和微生物；

（二）转基因动植物、微生物产品；

（三）转基因农产品的直接加工品；

（四）含有转基因动植物、微生物或者其产品成分的种子、种畜禽、水产苗种、农药、兽药、肥料和添加剂等产品。

本条例所称农业转基因生物安全，是指防范农业转基因生物对人类、动植物、微生物和生态环境构成的危险或者潜在风险。

第四条　国务院农业行政主管部门负责全国农业转基因生物安全的监督管理工作。

县级以上地方各级人民政府农业行政主管部门负责本行政区域内的农业转基因生物安全的监督管理工作。县级以上各级人民政府卫生行政主管部门依照《中华人民共和国食品卫生法》的有关规定，负责转基因食品卫生安全的监督管理工作。

第五条　国务院建立农业转基因生物安全管理部际联席会议制度。

农业转基因生物安全管理部际联席会议由农业、科技、环境保护、卫生、外经贸、检验检疫等有关部门的负责人组成，负责研究、协调农业转基因生物安全管理工作中的重大问题。

第六条 国家对农业转基因生物安全实行分级管理评价制度。

农业转基因生物按照其对人类、动植物、微生物和生态环境的危险程度，分为Ⅰ、Ⅱ、Ⅲ、Ⅳ四个等级。具体划分标准由国务院农业行政主管部门制定。

第七条 国家建立农业转基因生物安全评价制度。

农业转基因生物安全评价的标准和技术规范，由国务院农业行政主管部门制定。

第八条 国家对农业转基因生物实行标识制度。

实施标识管理的农业转基因生物目录，由国务院农业行政主管部门商国务院有关部门制定、调整并公布。

第二章 研究与试验

第九条 国务院农业行政主管部门应当加强农业转基因生物研究与试验的安全评价管理工作，并设立农业转基因生物安全委员会，负责农业转基因生物的安全评价工作。

农业转基因生物安全委员会由从事农业转基因生物研究、生产、加工、检验检疫以及卫生、环境保护等方面的专家组成。

第十条 国务院农业行政主管部门根据农业转基因生物安全评价工作的需要，可以委托具备检测条件和能力的技术检测机构对农业转基因生物进行检测。

第十一条 从事农业转基因生物研究与试验的单位，应当具备与安全等级相适应的安全设施和措施，确保农业转基因生物研究与试验的安全，并成立农业转基因生物安全小组，负责本单位农业转基因生物研究与试验的安全工作。

第十二条 从事Ⅲ、Ⅳ级农业转基因生物研究的，应当在研究开始前向国务院农业行政主管部门报告。

第十三条 农业转基因生物试验，一般应当经过中间试验、环境释放和生产性试验三个阶段。中间试验，是指在控制系统内或者控制条件下进行的小规模试验。环境释放，是指在自然条件下采取相应安全措施所进行的中规模的试验。生产性试验，是指在生产和应用前进行的较大规模的试验。

第十四条 农业转基因生物在实验室研究结束后，需要转入中间试验的，试验单位应当向国务院农业行政主管部门报告。

第十五条 农业转基因生物试验需要从上一试验阶段转入下一试验阶段的，试验单位应当向国务院农业行政主管部门提出申请；经农业转基因生物安全委员会进行安全评价合格的，由国务院农业行政主管部门批准转入下一试验阶段。

试验单位提出前款申请，应当提供下列材料：

（一）农业转基因生物的安全等级和确定安全等级的依据；

（二）农业转基因生物技术检测机构出具的检测报告；

（三）相应的安全管理、防范措施；

（四）上一试验阶段的试验报告。

第十六条 从事农业转基因生物试验的单位在生产性试验结束后，可以向国务院农业行政主管部门申请领取农业转基因生物安全证书。

试验单位提出前款申请，应当提供下列材料：

（一）农业转基因生物的安全等级和确定安全等级的依据；

（二）农业转基因生物技术检测机构出具的检测报告；

（三）生产性试验的总结报告；

（四）国务院农业行政主管部门规定的其他材料。

国务院农业行政主管部门收到申请后，应当组织农业转基因生物安全委员会进行安全评价；安全评价合格的，方可颁发农业转基因生物安全证书。

第十七条 转基因植物种子、种畜禽、水产苗种，利用农业转基因生物生产的或者含有农业转基因生物成分的种子、种畜禽、水产苗种、农药、兽药、肥料和添加剂等，在依照有关法律、行政法规的规定进行审定、登记或者评价、审批前，应当依照本条例第十六条的规定取得农业转基因生物安全证书。

第十八条 中外合作、合资或者外方独资在中华人民共和国境内从事农业转基因生物研究与试验的，应当经国务院农业行政主管部门批准。

第三章　生产与加工

第十九条　生产转基因植物种子、种畜禽、水产苗种，应当取得国务院农业行政主管部门颁发的种子、种畜禽、水产苗种生产许可证。

生产单位和个人申请转基因植物种子、种畜禽、水产苗种生产许可证，除应当符合有关法律、行政法规规定的条件外，还应当符合下列条件：

（一）取得农业转基因生物安全证书并通过品种审定；

（二）在指定的区域种植或者养殖；

（三）有相应的安全管理、防范措施；

（四）国务院农业行政主管部门规定的其他条件。

第二十条　生产转基因植物种子、种畜禽、水产苗种的单位和个人，应当建立生产档案，载明生产地点、基因及其来源、转基因的方法以及种子、种畜禽、水产苗种流向等内容。

第二十一条　单位和个人从事农业转基因生物生产、加工的，应当由国务院农业行政主管部门或者省、自治区、直辖市人民政府农业行政主管部门批准。具体办法由国务院农业行政主管部门制定。

第二十二条　农民养殖、种植转基因动植物的，由种子、种畜禽、水产苗种销售单位依照本条例第二十一条的规定代办审批手续。审批部门和代办单位不得向农民收取审批、代办费用。

第二十三条　从事农业转基因生物生产、加工的单位和个人，应当按照批准的品种、范围、安全管理要求和相应的技术标准组织生产、加工，并定期向所在地县级人民政府农业行政主管部门提供生产、加工、安全管理情况和产品流向的报告。

第二十四条　农业转基因生物在生产、加工过程中发生基因安全事故时，生产、加工单位和个人应当立即采取安全补救措施，并向所在地县级人民政府农业行政主管部门报告。

第二十五条　从事农业转基因生物运输、贮存的单位和个人，应当采取与农业转基因生物安全等级相适应的安全控制措施，确保农业转基因生物运输、贮存的安全。

第四章　经营

第二十六条　经营转基因植物种子、种畜禽、水产苗种的单位和个人，应当取得国务院农业行政主管部门颁发的种子、种畜禽、水产苗种经营许可证。

经营单位和个人申请转基因植物种子、种畜禽、水产苗种经营许可证，除应当符合有关法律、行政法规规定的条件外，还应当符合下列条件：

（一）有专门的管理人员和经营档案；

（二）有相应的安全管理、防范措施；

（三）国务院农业行政主管部门规定的其他条件。

第二十七条　经营转基因植物种子、种畜禽、水产苗种的单位和个人，应当建立经营档案，载明种子、种畜禽、水产苗种的来源、贮存、运输和销售去向等内容。

第二十八条　在中华人民共和国境内销售列入农业转基因生物目录的农业转基因生物，应当有明显的标识。列入农业转基因生物目录的农业转基因生物，由生产、分装单位和个人负责标识；未标识的，不得销售。经营单位和个人在进货时，应当对货物和标识进行核对。经营单位和个人拆开原包装进行销售的，应当重新标识。

第二十九条　农业转基因生物标识应当载明产品中含有转基因成分的主要原料名称；有特殊销售范围要求的，还应当载明销售范围，并在指定范围内销售。

第三十条　农业转基因生物的广告，应当经国务院农业行政主管部门审查批准后，方可刊登、播放、设置和张贴。

第五章　进口与出口

第三十一条　从中华人民共和国境外引进农业转基因生物用于研究、试验的，引进单位应当向国务院农业行政主管部门提出申请；符合下列条件的，国务院农业行政主管部门方可批准：

（一）具有国务院农业行政主管部门规定的申请资格；

（二）引进的农业转基因生物在国（境）外已经进行了相应的研

究、试验；

（三）有相应的安全管理、防范措施。

第三十二条 境外公司向中华人民共和国出口转基因植物种子、种畜禽、水产苗种和利用农业转基因生物生产的或者含有农业转基因生物成分的植物种子、种畜禽、水产苗种、农药、兽药、肥料和添加剂的，应当向国务院农业行政主管部门提出申请；符合下列条件的，国务院农业行政主管部门方可批准试验材料入境并依照本条例的规定进行中间试验、环境释放和生产性试验：

（一）输出国家或者地区已经允许作为相应用途并投放市场；

（二）输出国家或者地区经过科学试验证明对人类、动植物、微生物和生态环境无害；

（三）有相应的安全管理、防范措施。

生产性试验结束后，经安全评价合格，并取得农业转基因生物安全证书后，方可依照有关法律、行政法规的规定办理审定、登记或者评价、审批手续。

第三十三条 境外公司向中华人民共和国出口农业转基因生物用作加工原料的，应当向国务院农业行政主管部门提出申请；符合下列条件，并经安全评价合格的，由国务院农业行政主管部门颁发农业转基因生物安全证书：

（一）输出国家或者地区已经允许作为相应用途并投放市场；

（二）输出国家或者地区经过科学试验证明对人类、动植物、微生物和生态环境无害；

（三）经农业转基因生物技术检测机构检测，确认对人类、动植物、微生物和生态环境不存在危险；

（四）有相应的安全管理、防范措施。

第三十四条 从中华人民共和国境外引进农业转基因生物的，或者向中华人民共和国出口农业转基因生物的，引进单位或者境外公司应当凭国务院农业行政主管部门颁发的农业转基因生物安全证书和相关批准文件，向口岸出入境检验检疫机构报检；经检疫合格后，方可向海关申请办理有关手续。

第三十五条 农业转基因生物在中华人民共和国过境转移的，货主应当事先向国家出入境检验检疫部门提出申请；经批准方可过境转移，并遵守中华人民共和国有关法律、行政法规的规定。

第三十六条　国务院农业行政主管部门、国家出入境检验检疫部门应当自收到申请人申请之日起 270 日内作出批准或者不批准的决定，并通知申请人。

第三十七条　向中华人民共和国境外出口农产品，外方要求提供非转基因农产品证明的，由口岸出入境检验检疫机构根据国务院农业行政主管部门发布的转基因农产品信息，进行检测并出具非转基因农产品证明。

第三十八条　进口农业转基因生物，没有国务院农业行政主管部门颁发的农业转基因生物安全证书和相关批准文件的，或者与证书、批准文件不符的，作退货或者销毁处理。进口农业转基因生物不按照规定标识的，重新标识后方可入境。

第六章　监督检查

第三十九条　农业行政主管部门履行监督检查职责时，有权采取下列措施：

（一）询问被检查的研究、试验、生产、加工、经营或者进口、出口的单位和个人、利害关系人、证明人，并要求其提供与农业转基因生物安全有关的证明材料或者其他资料；

（二）查阅或者复制农业转基因生物研究、试验、生产、加工、经营或者进口、出口的有关档案、账册和资料等；

（三）要求有关单位和个人就有关农业转基因生物安全的问题作出说明；

（四）责令违反农业转基因生物安全管理的单位和个人停止违法行为；

（五）在紧急情况下，对非法研究、试验、生产、加工，经营或者进口、出口的农业转基因生物实施封存或者扣押。

第四十条　农业行政主管部门工作人员在监督检查时，应当出示执法证件。

第四十一条　有关单位和个人对农业行政主管部门的监督检查，应当予以支持、配合，不得拒绝、阻碍监督检查人员依法执行职务。

第四十二条　发现农业转基因生物对人类、动植物和生态环境存在危险时，国务院农业行政主管部门有权宣布禁止生产、加工、经营和进口，收回农业转基因生物安全证书，销毁有关存在危险的农业转基因生物。

第七章　罚则

第四十三条　违反本条例规定，从事Ⅲ、Ⅳ级农业转基因生物研究或者进行中间试验，未向国务院农业行政主管部门报告的，由国务院农业行政主管部门责令暂停研究或者中间试验，限期改正。

第四十四条　违反本条例规定，未经批准擅自从事环境释放、生产性试验的，已获批准但未按照规定采取安全管理、防范措施的，或者超过批准范围进行试验的，由国务院农业行政主管部门或者省、自治区、直辖市人民政府农业行政主管部门依据职权，责令停止试验，并处 1 万元以上 5 万元以下的罚款。

第四十五条　违反本条例规定，在生产性试验结束后，未取得农业转基因生物安全证书，擅自将农业转基因生物投入生产和应用的，由国务院农业行政主管部门责令停止生产和应用，并处 2 万元以上 10 万元以下的罚款。

第四十六条　违反本条例第十八条规定，未经国务院农业行政主管部门批准，从事农业转基因生物研究与试验的，由国务院农业行政主管部门责令立即停止研究与试验，限期补办审批手续。

第四十七条　违反本条例规定，未经批准生产、加工农业转基因生物或者未按照批准的品种、范围、安全管理要求和技术标准生产、加工的，由国务院农业行政主管部门或者省、自治区、直辖市人民政府农业行政主管部门依据职权，责令停止生产或者加工，没收违法生产或者加工的产品及违法所得；违法所得 10 万元以上的，并处违法所得 1 倍以上 5 倍以下的罚款；没有违法所得或者违法所得不足 10 万元的，并处 10 万元以上 20 万元以下的罚款。

第四十八条　违反本条例规定，转基因植物种子、种畜禽、水产苗种的生产、经营单位和个人，未按照规定制作、保存生产、经营档案的，由县级以上人民政府农业行政主管部门依据职权，责令改正，处1 000元以上1万元以下的罚款。

第四十九条　违反本条例规定，转基因植物种子、种畜禽、水产苗种的销售单位，不履行审批手续代办义务或者在代办过程中收取代办费用的，由国务院农业行政主管部门责令改正，处2万元以下的罚款。

第五十条　违反本条例规定，未经国务院农业行政主管部门批准，擅自进口农业转基因生物的，由国务院农业行政主管部门责令停止进口，没收已进口的产品和违法所得；违法所得10万元以上的，并处违法所得1倍以上5倍以下的罚款；没有违法所得或者违法所得不足10万元的，并处10万元以上20万元以下的罚款。

第五十一条　违反本条例规定，进口、携带、邮寄农业转基因生物未向口岸出入境检验检疫机构报检的，或者未经国家出入境检验检疫部门批准过境转移农业转基因生物的，由口岸出入境检验检疫机构或者国家出入境检验检疫部门比照进出境动植物检疫法的有关规定处罚。

第五十二条　违反本条例关于农业转基因生物标识管理规定的，由县级以上人民政府农业行政主管部门依据职权，责令限期改正，可以没收非法销售的产品和违法所得，并可以处1万元以上5万元以下的罚款。

第五十三条　假冒、伪造、转让或者买卖农业转基因生物有关证明文书的，由县级以上人民政府农业行政主管部门依据职权，收缴相应的证明文书，并处2万元以上10万元以下的罚款；构成犯罪的，依法追究刑事责任。

第五十四条　违反本条例规定，在研究、试验、生产、加工、贮存、运输、销售或者进口、出口农业转基因生物过程中发生基因安全事故，造成损害的，依法承担赔偿责任。

第五十五条　国务院农业行政主管部门或者省、自治区、直辖市人民政府农业行政主管部门违反本条例规定核发许可证、农业转基因生物安全证书以及其他批准文件的，或者核发许可证、农业转基因生物安全证书以及其他批准文件后不履行监督管理职责的，对直接负责的主管人员和其他直接责任人员依法给予行政处分；构成犯罪的，依法追究刑事责任。

第八章　附则

第五十六条　本条例自公布之日起施行。

附录2　农业转基因生物安全评价管理办法

第一章　总则

第一条　为了加强农业转基因生物安全评价管理，保障人类健康和动植物、微生物安全，保护生态环境，根据《农业转基因生物安全管理条例》（简称《条例》），制定本办法。

第二条　在中华人民共和国境内从事农业转基因生物的研究、试验、生产、加工、经营和进口、出口活动，依照《条例》规定需要进行安全评价的，应当遵守本办法。

第三条　本办法适用于《条例》规定的农业转基因生物，即利用基因工程技术改变基因组构成，用于农业生产或者农产品加工的植物、动物、微生物及其产品，主要包括：

（一）转基因动植物（含种子、种畜禽、水产苗种）和微生物；

（二）转基因动植物、微生物产品；

（三）转基因农产品的直接加工品；

（四）含有转基因动植物、微生物或者其产品成分的种子、种畜禽、水产苗种、农药、兽药、肥料和添加剂等产品。

第四条　本办法评价的是农业转基因生物对人类、动植物、微生物和生态环境构成的危险或者潜在的风险。安全评价工作按照植物、动物、微生物三个类别，以科学为依据，以个案审查为原则，实行分级分阶段管理。

第五条　根据《条例》第九条的规定设立国家农业转基因生物安全委员会，负责农业转基因生物的安全评价工作。农业转基因生物安全委员会由从事农业转基因生物研究、生产、加工、检验检疫、卫生、环境保护等方面的专家组成，每届任期三年。

农业部设立农业转基因生物安全管理办公室，负责农业转基因生物安全评价管理工作。

第六条 凡从事农业转基因生物研究与试验的单位，应当成立由单位法人代表负责的农业转基因生物安全小组，负责本单位农业转基因生物的安全管理及安全评价申报的审查工作。

第七条 农业部根据农业转基因生物安全评价工作的需要，委托具备检测条件和能力的技术检测机构对农业转基因生物进行检测，为安全评价和管理提供依据。

第八条 转基因植物种子、种畜禽、水产种苗，利用农业转基因生物生产的或者含有农业转基因生物成分的种子、种畜禽、水产种苗、农药、兽药、肥料和添加剂等，在依照有关法律、行政法规的规定进行审定、登记或者评价、审批前，应当依照本办法的规定取得农业转基因生物安全证书。

第二章 安全等级和安全评价

第九条 农业转基因生物安全实行分级评价管理

按照对人类、动植物、微生物和生态环境的危险程度，将农业转基因生物分为以下四个等级：

安全等级Ⅰ：尚不存在危险；

安全等级Ⅱ：具有低度危险；

安全等级Ⅲ：具有中度危险；

安全等级Ⅳ：具有高度危险。

第十条 农业转基因生物安全评价和安全等级的确定按以下步骤进行：

（一）确定受体生物的安全等级；

（二）确定基因操作对受体生物安全等级影响的类型；

（三）确定转基因生物的安全等级；

（四）确定生产、加工活动对转基因生物安全性的影响；

（五）确定转基因产品的安全等级。

第十一条 受体生物安全等级的确定

受体生物分为四个安全等级：

（一）符合下列条件之一的受体生物应当确定为安全等级Ⅰ。

1. 对人类健康和生态环境未曾发生过不利影响；

2. 演化成有害生物的可能性极小；

3. 用于特殊研究的短存活期受体生物，实验结束后在自然环境中存活的可能性极小。

（二）对人类健康和生态环境可能产生低度危险，但是通过采取安全控制措施完全可以避免其危险的受体生物，应当确定为安全等级Ⅱ。

（三）对人类健康和生态环境可能产生中度危险，但是通过采取安全控制措施，基本上可以避免其危险的受体生物，应当确定为安全等级Ⅲ。

（四）对人类健康和生态环境可能产生高度危险，而且在封闭设施之外尚无适当的安全控制措施避免其发生危险的受体生物，应当确定为安全等级Ⅳ。包括：

1. 可能与其他生物发生高频率遗传物质交换的有害生物；

2. 尚无有效技术防止其本身或其产物逃逸、扩散的有害生物；

3. 尚无有效技术保证其逃逸后，在对人类健康和生态环境产生不利影响之前，将其捕获或消灭的有害生物。

第十二条 基因操作对受体生物安全等级影响类型的确定

基因操作对受体生物安全等级的影响分为三种类型，即：增加受体生物的安全性；不影响受体生物的安全性；降低受体生物的安全性。

类型 1 增加受体生物安全性的基因操作

包括：去除某个（些）已知具有危险的基因或抑制某个（些）已知具有危险的基因表达的基因操作。

类型 2 不影响受体生物安全性的基因操作

包括：

1. 改变受体生物的表型或基因型而对人类健康和生态环境没有影响的基因操作；

2. 改变受体生物的表型或基因型而对人类健康和生态环境没有不利影响的基因操作。

类型 3 降低受体生物安全性的基因操作

包括：

1. 改变受体生物的表型或基因型，并可能对人类健康或生态环境产生不利影响的基因操作；

2. 改变受体生物的表型或基因型，但不能确定对人类健康或生态环境影响的基因操作。

第十三条　农业转基因生物安全等级的确定

根据受体生物的安全等级和基因操作对其安全等级的影响类型及影响程度，确定转基因生物的安全等级。

（一）受体生物安全等级为Ⅰ的转基因生物

1. 安全等级为Ⅰ的受体生物，经类型 1 或类型 2 的基因操作而得到的转基因生物，其安全等级仍为Ⅰ。

2. 安全等级为Ⅰ的受体生物，经类型 3 的基因操作而得到的转基因生物，如果安全性降低很小，且不需要采取任何安全控制措施的，则其安全等级仍为Ⅰ；如果安全性有一定程度的降低，但是可以通过适当的安全控制措施完全避免其潜在危险的，则其安全等级为Ⅱ；如果安全性严重降低，但是可以通过严格的安全控制措施避免其潜在危险的，则其安全等级为Ⅲ；如果安全性严重降低，而且无法通过安全控制措施完全避免其危险的，则其安全等级为Ⅳ。

（二）受体生物安全等级为Ⅱ的转基因生物

1. 安全等级为Ⅱ的受体生物，经类型 1 的基因操作而得到的转基因生物，如果安全性增加到对人类健康和生态环境不再产生不利影响的，则其安全等级为Ⅰ；如果安全性虽有增加，但对人类健康和生态环境仍有低度危险的，则其安全等级仍为Ⅱ。

2. 安全等级为Ⅱ的受体生物，经类型 2 的基因操作而得到的转基因生物，其安全等级仍为Ⅱ。

3. 安全等级为Ⅱ的受体生物，经类型 3 的基因操作而得到的转基因生物，根据安全性降低的程度不同，其安全等级可为Ⅱ、Ⅲ或Ⅳ，分级标准与受体生物的分级标准相同。

（三）受体生物安全等级为Ⅲ的转基因生物

1. 安全等级为Ⅲ的受体生物，经类型 1 的基因操作而得到的转基因生物，根据安全性增加的程度不同，其安全等级可为Ⅰ、Ⅱ或Ⅲ，分级标准与受体生物的分级标准相同。

2. 安全等级为Ⅲ的受体生物，经类型 2 的基因操作而得到的转基因生物，其安全等级仍为Ⅲ。

3. 安全等级为Ⅲ的受体生物，经类型 3 的基因操作得到的转基因生物，根据安全性降低的程度不同，其安全等级可为Ⅲ或Ⅳ，分级标准与受体生物的分级标准相同。

（四）受体生物安全等级为Ⅳ的转基因生物

1. 安全等级为Ⅳ的受体生物，经类型 1 的基因操作而得到的转基因生物，根据安全性增加的程度不同，其安全等级可为Ⅰ、Ⅱ、Ⅲ或Ⅳ，分级标准与受体生物的分级标准相同。

2. 安全等级为Ⅳ的受体生物，经类型 2 或类型 3 的基因操作而得到的转基因生物，其安全等级仍为Ⅳ。

第十四条 农业转基因产品安全等级的确定

根据农业转基因生物的安全等级和产品的生产、加工活动对其安全等级的影响类型和影响程度，确定转基因产品的安全等级。

（一）农业转基因产品的生产、加工活动对转基因生物安全等级的影响分为三种类型：

类型 1 增加转基因生物的安全性；

类型 2 不影响转基因生物的安全性；

类型 3 降低转基因生物的安全性。

（二）转基因生物安全等级为Ⅰ的转基因产品

1. 安全等级为Ⅰ的转基因生物，经类型 1 或类型 2 的生产、加工活动而形成的转基因产品，其安全等级仍为Ⅰ。

2. 安全等级为Ⅰ的转基因生物，经类型 3 的生产、加工活动而形成的转基因产品，根据安全性降低的程度不同，其安全等级可为Ⅰ、Ⅱ、Ⅲ或Ⅳ，分级标准与受体生物的分级标准相同。

（三）转基因生物安全等级为Ⅱ的转基因产品

1. 安全等级为Ⅱ的转基因生物，经类型Ⅰ的生产、加工活动而形成的转基因产品，如果安全性增加到对人类健康和生态环境不再产生不利影响的，其安全等级为Ⅰ；如果安全性虽然有增加，但是对人类健康或生态环境仍有低度危险的，其安全等级仍为Ⅱ。

2. 安全等级为Ⅱ的转基因生物，经类型 2 的生产、加工活动而形成的转基因产品，其安全等级仍为Ⅱ。

3. 安全等级为Ⅱ的转基因生物，经类型 3 的生产、加工活动而形成的转基因产品，根据安全性降低的程度不同，其安全等级可为Ⅱ、Ⅲ或Ⅳ，分级标准与受体生物的分级标准相同。

（四）转基因生物安全等级为Ⅲ的转基因产品

1. 安全等级为Ⅲ的转基因生物，经类型 1 的生产、加工活动而形成的转基因产品，根据安全性增加的程度不同，其安全等级可为Ⅰ、Ⅱ或Ⅲ，分级标准与受体生物的分级标准相同。

2. 安全等级为Ⅲ的转基因生物，经类型 2 的生产、加工活动而形成的转基因产品，其安全等级仍为Ⅲ。

3. 安全等级为Ⅲ的转基因生物，经类型 3 的生产、加工活动而形成转基因产品，根据安全性降低的程度不同，其安全等级可为Ⅲ或Ⅳ，分级标准与受体生物的分级标准相同。

（五）转基因生物安全等级为Ⅳ的转基因产品

1. 安全等级为Ⅳ的转基因生物，经类型 1 的生产、加工活动而得到的转基因产品，根据安全性增加的程度不同，具安全等级可为Ⅰ、Ⅱ、Ⅲ或Ⅳ，分级标准与受体生物的分级标准相同。

2. 安全等级为Ⅳ的转基因生物，经类型 2 或类型 3 的生产、加工活动而得到的转基因产品，其安全等级仍为Ⅳ。

第三章　申报和审批

第十五条　凡在中华人民共和国境内从事农业转基因生物安全等级为Ⅲ和Ⅳ的研究以及所有安全等级的试验和进口的单位以及生产和加工的单位和个人，应当根据农业转基因生物的类别和安全等级，分阶段向农业转基因生物安全管理办公室报告或者提出申请。

第十六条　农业部每年组织两次农业转基因生物安全评审。第一次受理申请的截止日期为每年的 3 月 31 日，第二次受理申请的截止日期为每年的 9 月 30 日。农业部自收到申请之日起两个月内，作出受理或者不予受理的答复；在受理截止日期后三个月内作出批复。

第十七条　从事农业转基因生物试验和进口的单位以及从事农业转基因生物生产和加工的单位和个人，在向农业转基因生物安全管理办公室提出安全评价报告或申请前应当完成下列手续：

（一）报告或申请单位和报告或申请人对所从事的转基因生物工作进行安全性评价，并填写报告书或申报书（见附录Ⅴ）；

（二）组织本单位转基因生物安全小组对申报材料进行技术审查；

（三）取得开展试验和安全证书使用所在省（市、自治区）农业行政主管部门的审核意见；

（四）提供有关技术资料。

第十八条　在中华人民共和国从事农业转基因生物实验研究与试验的，应当具备下列条件：

（一）在中华人民共和国境内有专门的机构；

（二）有从事农业转基因生物实验研究与试验的专职技术人员；

（三）具备与实验研究和试验相适应的仪器设备和设施条件；

（四）成立农业转基因生物安全管理小组。

第十九条　报告农业转基因生物实验研究和中间试验以及申请环境释放、生产性试验和安全证书的单位应当按照农业部制定的农业转基因植物、动物和微生物安全评价各阶段的报告或申报要求、安全评价的标准和技术规范，办理报告或申请手续（见附录Ⅰ、Ⅱ、Ⅲ、Ⅳ、Ⅴ）。

第二十条　从事安全等级为Ⅰ和Ⅱ的农业转基因生物实验研究，由本单位农业转基因生物安全小组批准；从事安全等级为Ⅲ和Ⅳ的农业转基因生物实验研究，应当在研究开始前向农业转基因生物安全管理办公室报告。

研究单位向农业转基因生物安全管理办公室报告时应当提供以下材料：

（一）实验研究报告书（见附录Ⅴ）；

（二）农业转基因生物的安全等级和确定安全等级的依据；

（三）相应的实验室安全设施、安全管理和防范措施。

第二十一条　在农业转基因生物（安全等级Ⅰ、Ⅱ、Ⅲ、Ⅳ）实验研究结束后拟转入中间试验的，试验单位应当向农业转基因生物安全管理办公室报告。

试验单位向农业转基因生物安全管理办公室报告时应当提供下列材料：

（一）中间试验报告书（见附录Ⅴ）；

（二）实验研究总结报告；

（三）农业转基因生物的安全等级和确定安全等级的依据；

（四）相应的安全研究内容、安全管理和防范措施。

第二十二条　在农业转基因生物中间试验结束后拟转入环境释放的，或者在环境释放结束后拟转入生产性试验的，试验单位应当向农业转基因生物安全管理办公室提出申请，经农业转基因生物安全委员会安全评价合格并由农业部批准后，方可根据农业转基因生物安全审批书的要求进行相应的试验。

试验单位提出前款申请时，应当提供下列材料：

（一）安全评价申报书（见附录Ⅴ）；

（二）农业转基因生物的安全等级和确定安全等级的依据；

（三）农业部委托的技术检测机构出具的检测报告；

（四）相应的安全研究内容、安全管理和防范措施；

（五）上一试验阶段的试验总结报告。

第二十三条　在农业转基因生物生产性试验结束后拟申请安全证书的，试验单位应当向农业转基因生物安全管理办公室提出申请，经农业转基因生物安全委员会安全评价合格并由农业部批准后，方可颁发农业转基因生物安全证书。

试验单位提出前款申请时，应当提供下列材料：

（一）安全评价申报书（见附录Ⅴ）；

（二）农业转基因生物的安全等级和确定安全等级的依据；

（三）农业部委托的农业转基因生物技术检测机构出具的检测报告；

（四）中间试验、环境释放和生产性试验阶段的试验总结报告；

（五）其他有关材料。

第二十四条　农业转基因生物安全证书应当明确转基因生物名称（编号）、规模、范围、时限及有关责任人、安全控制措施等内容。

从事农业转基因生物生产和加工的单位和个人以及进口的单位，应当按照农业转基因生物安全证书的要求开展工作并履行安全证书规定的相关义务。

第二十五条　从中华人民共和国境外引进农业转基因生物，或者向中华人民共和国出口农业转基因生物的，应当按照《农业转基因生物进口安全管理办法》的规定提供相应的安全评价材料。

第二十六条　申请农业转基因生物安全评价应当按照财政部、国家计委的有关规定交纳审查费和必要的检测费。

第二十七条　农业转基因生物安全评价受理审批机构的工作人员和参与审查的专家，应当为申报者保守技术秘密和商业秘密，与本人及其近亲属有利害关系的应当回避。

第四章　技术检测管理

第二十八条　农业部根据农业转基因生物安全评价及其管理工作的需要，委托具备检测条件和能力的技术检测机构进行检测。

第二十九条　技术检测机构应当具备下列基本条件：

（一）具有公正性和权威性，设有相对独立的机构和专职人员；

（二）具备与检测任务相适应的、符合国家标准（或行业标准）的仪器设备和检测手段；

（三）严格执行检测技术规范，出具的检测数据准确可靠；

（四）有相应的安全控制措施。

第三十条　技术检测机构的职责任务：

（一）为农业转基因生物安全管理和评价提供技术服务；

（二）承担农业部或申请人委托的农业转基因生物定性定量检验、鉴定和复查任务；

（三）出具检测报告，做出科学判断；

（四）研究检测技术与方法，承担或参与评价标准和技术法规的制修订工作；

（五）检测结束后，对用于检测的样品应当安全销毁，不得保留；

（六）为委托人和申请人保守技术秘密和商业秘密。

第五章　监督管理与安全监控

第三十一条　农业部负责农业转基因生物安全的监督管理，指导不同生态类型区域的农业转基因生物安全监控和监测工作，建立全国农业转基因生物安全监管和监测体系。

第三十二条 县级以上地方各级人民政府农业行政主管部门按照《条例》第三十九条和第四十条的规定负责本行政区域内的农业转基因生物安全的监督管理工作。

第三十三条 有关单位和个人应当按照《条例》第四十一条的规定，配合农业行政主管部门做好监督检查工作。

第三十四条 从事农业转基因生物试验与生产的单位，在工作进行期间和工作结束后，应当定期向农业部和农业转基因生物试验与生产应用所在的行政区域内省级农业行政主管部门提交试验总结和生产计划与执行情况总结报告。每年 3 月 31 日以前提交农业转基因生物生产应用的年度生产计划，每年 12 月 31 日以前提交年度实际执行情况总结报告；每年 12 月 31 日以前提交中间试验、环境释放和生产性试验的年度试验总结报告。

第三十五条 从事农业转基因生物试验和生产的单位，应当根据本办法的规定确定安全控制措施和预防事故的紧急措施，做好安全监督记录，以备核查。

安全控制措施包括物理控制、化学控制、生物控制、环境控制和规模控制等（见附录Ⅳ）。

第三十六条 安全等级Ⅱ、Ⅲ、Ⅳ的转基因生物，在废弃物处理和排放之前应当采取可靠措施将其销毁、灭活，以防止扩散和污染环境。发现转基因生物扩散、残留或者造成危害的，必须立即采取有效措施加以控制、消除，并向当地农业行政主管部门报告。

第三十七条 农业转基因生物在贮存、转移、运输和销毁、灭活时，应当采取相应的安全管理和防范措施，具备特定的设备或场所，指定专人管理并记录。

第三十八条 发现农业转基因生物对人类、动植物和生态环境存在危险时，农业部有权宣布禁止生产、加工、经营和进口，收回农业转基因生物安全证书，由货主销毁有关存在危险的农业转基因生物。

第六章 罚则

第三十九条 违反本办法规定，从事安全等级Ⅲ、Ⅳ的农业转基因生物实验研究或者从事农业转基因生物中间试验，未向农业部报告的，按照《条例》第四十三条的规定处理。

第四十条 违反本办法规定，未经批准擅自从事环境释放、生产性试验的，或已获批准但未按照规定采取安全管理防范措施的，或者超过批准范围和期限进行试验的，按照《条例》第四十四条的规定处罚。

第四十一条 违反本办法规定，在生产性试验结束后，未取得农业转基因生物安全证书，擅自将农业转基因生物投入生产和应用的，按照《条例》第四十五条的规定处罚。

第四十二条 假冒、伪造、转让或者买卖农业转基因生物安全证书、审批书以及其他批准文件的，按照《条例》第五十三条的规定处罚。

第四十三条 违反本办法规定核发农业转基因生物安全审批书、安全证书以及其他批准文件的，或者核发后不履行监督管理职责的，按照《条例》第五十五条的规定处罚。

第七章 附则

第四十四条 本办法所用术语及含义如下：

一、基因，系控制生物性状的遗传物质的功能和结构单位，主要指具有遗传信息的 DNA 片段。

二、基因工程技术，包括利用载体系统的重组 DNA 技术以及利用物理、化学和生物学等方法把重组 DNA 分子导入有机体的技术。

三、基因组，系指特定生物的染色体和染色体外所有遗传物质的总和。

四、DNA，系脱氧核糖核酸的英文名词缩写，是贮存生物遗传信息的遗传物质。

五、农业转基因生物，系指利用基因工程技术改变基因组构成，用于农业生产或者农产品加工的动植物、微生物及其产品。

六、目的基因，系指以修饰受体细胞遗传组成并表达其遗传效应为目的的基因。

七、受体生物，系指被导入重组 DNA 分子的生物。

八、种子，系指农作物和林木的种植材料或者繁殖材料，包括籽粒、果实和根、茎、苗、芽、叶等。

九、实验研究，系指在实验室控制系统内进行的基因操作和转基因生物研究工作。

十、中间试验，系指在控制系统内或者控制条件下进行的小规模试验。

十一、环境释放，系指在自然条件下采取相应安全措施所进行的中规模的试验。

十二、生产性试验，系指在生产和应用前进行的较大规模的试验。

十三、控制系统，系指通过物理控制、化学控制和生物控制建立的封闭或半封闭操作体系。

十四、物理控制措施，系指利用物理方法限制转基因生物及其产物在实验区外的生存及扩散，如设置栅栏，防止转基因生物及其产物从实验区逃逸或被人或动物携带至实验区外等。

十五、化学控制措施，系指利用化学方法限制转基因生物及其产物的生存、扩散或残留，如生物材料、工具和设施的消毒。

十六、生物控制措施，系指利用生物措施限制转基因生物及其产物的生存、扩散或残留，以及限制遗传物质由转基因生物向其他生物的转移，如设置有效的隔离区及监控区、清除试验区附近可与转基因生物杂交的物种、阻止转基因生物开花或去除繁殖器宫、或采用花期不遇等措施，以防止目的基因向相关生物的转移。

十七、环境控制措施，系指利用环境条件限制转基因生物及其产物的生存、繁殖、扩散或残留，如控制温度、水分、光周期等。

十八、规模控制措施，系指尽可能地减少用于试验的转基因生物及其产物的数量或减小试验区的面积，以降低转基因生物及其产物广泛扩散的可能性，在出现预想不到的后果时，能比较彻底地将转基因生物及其产物消除。

第四十五条　本办法由农业部负责解释。

第四十六条　本办法自 2002 年 3 月 20 日起施行。1996 年 7 月 10 日农业部发布的第 7 号令《农业生物基因工程安全管理实施办法》同时废止。

（附录见农业部网站）

参考文献

白永忠，蒋军成．2012．HAZOP 与风险矩阵组合技术应用研究［J］．中国安全生产科学技术，8（8）：121-126．

鲍文胜．2007．基于模糊理论的软件项目风险评估模型构建［J］．青岛理工大学学报，28（4）：74-79．

边永民．2007．欧盟转基因生物安全法评析［J］．河北法学，25（5）：157-163．

常虹，高云莉．2007．风险矩阵方法在工程项目风险管理中的应用［J］．工业技术经济，26（11）：134-137．

陈健，李忠民，汤淑春，等．2008．基于改进风险矩阵方法的武器装备采办风险评估［J］．系统工程与电子技术，30（10）：1918-1923．

陈健鹏．2010．转基因作物商业化：影响、挑战和应对——整体战略研究框架的构建和初步分析［J］．中国软科学（6）：1-14．

陈晓峰，李典谟，戴小枫．1997．转基因生物的风险评价［J］．世界环境（1）：29-31．

陈晓济．2014．我国农业转基因生物政府管制中的话语机制分析——以公共选择理论为视角［J］．科技管理研究（20）：191-198．

陈旸．2013．欧盟转基因产品政策探析［J］．国际研究参考（1）：20-24．

陈英．2008．基于博弈论的旅游产业利益相关者分析［D］．兰州：兰州大学．

程焉平．2002．转抗虫基因作物的安全性及其对策［J］．吉林农业大学学报，24（5）：49-52．

程焉平．2003．抗除草剂转基因作物的研究及其安全性［J］．吉林农业科学，28（4）：23-28．

储成．2012．转基因抗虫棉对土壤微生物多样性的影响［D］．南京：南京师范大学．

储成才．2013．转基因生物技术育种：基于还是挑战［J］．植物学报，4（1）：10-22．

党兴华，黄正超，赵巧艳．2006．基于风险矩阵的风险投资项目风险评估［J］．科技进步与对策，23（1）：140-143．

邓家琼 . 2009. 农业生物技术内涵与转基因农业生物技术效应［J］. 广东农业科学
　　（8）：203-207.

邓志强，罗新星 . 2007. 环境管理中地方政府和中央政府的博弈分析［J］. 管理探
　　索（5）：19-21.

杜美玲 . 2006. 产品类别、感知风险对口碑信息源选择影响的实证研究［D］. 长
　　沙：中南大学 .

段杉，谢响明，李世东，等 . 2008. 转基因抗虫棉对根区土壤真菌影响的初步研究
　　［J］. 微生物杂志，28（4）：7-12.

樊孝凤 . 2007. 我国生鲜蔬菜质量安全治理的逆向选择研究——基于产品质量声誉
　　理论的分析［D］. 武汉：华中农业大学 .

樊孝凤 . 2011. 我国农产品质量安全治理机制分析［C］. 农产品质量安全与现代农
　　业发展专家论文论文集，471-475.

范会婷，王健 . 2008. 河北省转 Bt 基因抗虫棉生态风险问题［J］. 安徽农业科学，
　　36（2）：619-620.

范树平，程久苗，费罗成，等 . 2008. 基于利益相关者理论的土地利用规划模式构
　　建探究［J］. 国土资源科技管理，25（5）：66-71.

冯亮 . 2012. 转基因生物风险监管体系的研究［D］. 武汉：武汉理工大学 .

付俊文，赵红 . 2006. 利益相关者理论综述［J］. 首都经济贸易大学学报（2）：
　　16-21.

高素红，高宝嘉 . 2003. 转抗虫基因植物生物群落生态风险评价研究［J］. 河北农
　　业大学学报，26（zl）：194-197.

顾加栋，龚跃 . 2007. 转基因食品产业化的风险防范及制度构建［J］. 中国卫生事
　　业管理，23（9）：614-616.

顾益，陶迎春 . 2014. 扩展的行动者网络——解决科林克里奇困境的新路径［J］.
　　科学学研究，32（7）：982-986.

管开明 . 2012. 转基因作物及食品的利益相关者分析［J］. 自然辩证法研究，28
　　（7）：89-94.

管开明 . 2013. 利益相关者视野中的转基因食品社会评价［J］. 武汉理工大学学报
　　（社会科学版），26（4）：648-652.

郭建英，万方浩，董亮，等 . 2005. 取食转 Bt 基因棉花上的棉蚜对丽草蛉发育和繁
　　殖的影响［J］. 昆虫知识，42（2）：149-154.

郭建英 . 2007. 转 Bt 基因棉对棉田生态系统的影响及其生态安全性［D］. 南京：
　　南京农业大学 .

韩永明，翟广谦，徐俊锋 . 2013. 欧盟转基因生物管理法规体系的演变及对我国的
　　启示［J］. 浙江农业科学（11）：1482-1485，1489.

何光喜，赵延东，张文霞，等.2015.我国公众对转基因作物的接受度及其影响因素［J］.社会（1）：121-142.

洪进，余文涛，赵定涛，等.2011.我国转基因作物技术风险三维分析及其治理研究［J］.科学学研究，29（10）：1480-1484，1472.

胡海燕.2004.转双抗虫基因741杨林土壤生物群落研究［D］.保定：河北农业大学.

黄季焜，林海，胡瑞法，等.2007.推广转基因抗虫棉对次要害虫农药施用的影响分析［J］.农业技术经济（1）：4-12.

黄季焜，米建伟，林海，等.2010.中国10年抗虫棉大田生产：Bt抗虫棉技术采用的直接效应和间接外部效应评估［J］.中国科学，40（3）：260-272.

黄芊，凌炎，蒋显斌，等.2013.转Bar基因水稻及草铵膦对褐飞虱取食和产卵行为的影响［J］.南方农业学报，44（7）：1110-1114.

黄芊.2013.抗除草剂转基因水稻Bar68-1和草铵膦对褐飞虱和黑肩绿盲蝽的影响［D］.南宁：广西大学.

黄文昊，刘祖云.2010.我国"转基因作物技术与产业化"：政策框架与价值诉求［J］.南京农业大学学报（社会科学版），10（4）：48-57.

贾生华，陈宏辉.2002.利益相关者的界定方法述评［J］.外国经济与管理，24（5）：13-18.

蒋显斌，肖国樱.2011.抗除草剂转基因水稻对稻纵卷叶螟田间自然种群的影响［J］.植物保护，37（2）：50-54.

金银根，魏传芬，吴进才.2003.转基因抗除草剂作物的基因流与杂草化机理探讨［J］.杂草科学（2）：6-10.

金银根，吴进才，Yong Woong Krown.2003.抗除草剂转基因植物的杂草化类型与机理探讨［J］.西北植物学报，23（6）：1036-1043.

康乐，陈明.2013.我国转基因作物安全管理体系介绍、发展建议及生物技术舆论导向［J］.植物生理学报，49（7）：637-644.

孔宪辉，田琴，余渝.2008.转Bt基因抗虫棉在棉田害虫综合治理中的作用及生态风险［J］.现代农业科技（3）：108-109.

孔宪辉，于海霞，宁新柱，等.2004.转Bt基因抗虫棉的生态风险及其防范［J］.中国棉花，31（3）：6-7.

雷毅，金平阅.2010.农业转基因技术政策的矩阵评价模式［J］.工程研究，2（2）：120-130.

李保平，孟玲，万方浩.2002.转基因抗虫植物对天敌昆虫的影响［J］.中国生物防治，18（3）：97-105.

李聪波，刘飞，谭显春，等.2010.基于风险矩阵和模糊集的绿色制造实施风险评

估方法 [J]. 计算机集成制造系统, 16 (1): 209-214.

李建平, 肖琴, 王吉鹏. 2013. 转基因作物的风险分析及我国的应对策略 [J]. 中国食物与营养 (1): 1-9.

李建平, 肖琴, 周振亚, 等. 2012. 转基因作物产业化现状及我国的发展策略 [J]. 农业经济问题 (1): 23-28.

李建平, 肖琴, 周振亚. 2013. 中国农作物转基因技术风险的多级模糊综合评价 [J]. 农业技术经济 (5): 35-43.

李丽莉, 王振营, 和康来, 等. 2004. 转基因抗虫作物对非靶标昆虫的影响 [J]. 生态学报, 24 (8): 1793-1802.

李宁, 汪其怀, 付仲文. 2005. 美国转基因生物安全管理考察报告 [J]. 农业科技管理, 24 (5): 12-17.

李天柱, 银路, 程跃. 2009. 现代生物技术的特性与企业技术选择 [J]. 技术经济, 28 (10): 55-59.

李维安, 王世权. 2007. 利益相关者治理理论研究脉络及其进展探析 [J]. 外国经济与管理, 29 (4): 10-17.

李孝刚, 刘标, 曹伟, 等. 2011. 不同种植年限转基因抗虫棉对土壤中小型节肢动物的影响 [J]. 土壤学报, 48 (3): 587-593.

李云河, 彭于发, 李香菊, 等. 2012. 转基因耐除草剂作物的环境风险及管理 [J]. 植物学报, 47 (3): 197-208.

李中东. 2007. 农业生物技术的风险及其控制研究 [J]. 科技进步与对策, 24 (12): 121-124.

连庆, 付仲文, 李华锋. 2010. 欧盟转基因生物安全管理及对中国的启示 [J]. 世界农业 (3): 1-2.

廖慧敏, 吴超. 2008. 外来物种豚草入侵的事故树分析 [J]. 安全与环境学报, 8 (4): 85-88.

廖慧敏. 2010. 转基因植物的生态环境风险分析与安全评价方法研究 [D]. 长沙: 中南大学.

林祥明, 朱洲. 2004. 美国转基因生物安全法规体系的形成与发展 [J]. 世界农业 (5): 14-17.

林燕梅. 2007. 美国和欧盟的转基因生物安全管理现状 [J]. 环境教育 (4): 24-26.

凌芝, 陈建军. 2007. 转基因抗虫棉风险性分析及应对策略 [J]. 安徽农业科学, 35 (33): 10645-10659.

刘国靖, 张蕾. 2004. 基于风险矩阵的商业银行信贷项目风险评估 [J]. 财经研究, 30 (2): 34-40.

刘红梅，赖欣，宋晓龙，等 . 2012. 转双价基因（Bt+CpT I）棉种植对根际土壤微
生物群落功能多样性的影响［J］. 中国农学通报，28（36）：231-236.

刘经纬，倪宏伟，李长松 . 2006. 我国转基因植物风险控制与安全管理研究［J］.
中国林业经济（4）：28-30.

刘经纬 . 2004. 植物基因工程的风险评估与安全管理研究［D］. 哈尔滨：东北林业
大学 .

刘俊娥，张洪亮，李少波，等 . 2007. 风险矩阵的供应链风险评价［J］. 统计与决
策（7）：151-152.

刘培磊，李宁，周云龙 . 2009. 美国转基因生物安全管理体系及其对我国的启示
［J］. 中国农业科技导报，11（5）：49-53.

刘强 . 2014. 美国转基因生物监管机制探究［J］. 安徽农业科学，42（36）：
12 829-12 832.

刘旭霞，田庚 . 2009. 我国转基因农作物产业化的制度理性——基于利益平衡机制
的视角［J］. 延边大学学报（社会科学版），42（2）：125-130.

刘祖云，黄文昊 . 2010. 中国转基因作物产业化议题的"政策博弈"［J］. 湖南社
会科学（2）：53-59.

娄少华 . 2009. 对转基因作物的综合评价及战略选择研究［D］. 长春：吉林大学 .

卢长明，肖玲，武玉花 . 2005. 中国转基因油菜的环境安全性分析［J］. 农业生物
技术学报，13（3）：267-275.

卢山冰 . 2008. 利益相关者基本范式研究［J］. 西北大学学报（哲学社会科学版），
38（3）：76-80.

陆群峰，肖显静 . 2009. 中国农业转基因生物安全政策模式的选择［J］. 南京林业
大学学报（人文社会科学版），9（2）：68-78.

陆群峰 . 2014. 转基因作物产业化推广监管：政府失灵与公众监督［J］. 中国科技
论坛（2）：118-123.

娜布其 . 2011. 转 Bt+CpT I 棉花种植对土壤微生物和酶活性的影响［D］. 内蒙古：
内蒙古师范大学 .

牛玉青 . 2012. 欧盟管理转基因产品经验及借鉴［J］. 技术经济与管理研究（9）：
75-78.

庞娟 . 2010. 城市社区公共品供给机制研究——基于利益相关者理论的视角［J］.
城市发展研究，17（8）：131-135.

浦惠明 . 2003. 转基因抗除草剂油菜及其生态安全性［J］. 中国油料作物学报，25
（2）：89-92.

钱迎倩，田研，魏伟 . 1998. 转基因植物的生态风险评价［J］. 植物生态学报，22
（4）：289-299.

强胜，宋小玲，戴伟民.2010.抗除草剂转基因作物面临的机遇与挑战及其发展策略［J］.农业生物技术学报，18（1）：114-125.

乔方彬.2012.中国转基因作物抗性的动态优化政策和管理研究［M］.北京：科学出版社.

任璐.2003.转基因棉对棉铃虫和寄生蜂的双重效应研究［D］.扬州：扬州大学.

阮欣，尹志逸，陈艾荣.2013.风险矩阵评估方法研究与工程应用综述［J］.同济大学学报（自然科学版），41（3）：381-385.

沈晋良，周晓梅.2004.转抗虫基因作物的安全性评价［J］.现代农药，6（3）：1-4.

沈晓峰，栾凤侠，陶波.2007.抗草甘膦转基因大豆生物与环境安全性［J］.东北农业大学学报，38（3）：401-404.

宋小玲，刘琳莉，强胜.2004.抗除草剂转基因水稻抗性基因漂移的安全性探讨［J］.江苏农业科学（6）：1-5.

宋小玲，强胜，刘琳莉，等.2005.抗除草剂转基因作物基因流及其安全性评估方法的探讨［J］.农村生态环境，21（3）：74-77.

宋新元，张欣芳，于壮，等.2011.转基因植物环境安全评价策略［J］.生物安全学报，20（1）：37-42.

宋亚娜，苏军，陈睿，等.2011.转 cey1Ac/cpti 基因水稻对土壤酶活性和养分有效性的影响［J］.生物安全学报，20（3）：243-248.

苏旭.2013.转基因作物对生态环境的潜在风险［J］.环境与健康杂志，30（5）：463-467.

孙国庆，金芜军，宛煜嵩，等.2010.中国转基因水稻的研究进展及产业化问题分析［J］.生物技术通报（12）：1-6.

孙垦，蔡洪涛，杨嵩豪.2011.风险定量分析中风险矩阵的构建方法［J］.华北水利水电学院学报，32（5）：158-160.

谭声江，陈晓峰，李典谟，等.2001.其他寄主作物能成为 Bt 感性棉铃虫的庇护所吗？［J］.科学通报，46（13）：1101-1104.

谭涛，陈超.2011.我国转基因农产品生产、加工与经营环节安全监管：政策影响与战略取向［J］.南京农业大学学报（社会科学版），11（3）：132-137.

谭涛，陈超.2014.我国转基因作物产业化发展路径与策略［J］.农业技术经济（1）：22-30.

唐桂香，宋文坚，周伟军.2005.转基因油菜的基因流及生态风险［J］.应用生态学报，16（12）：2465-2468.

唐黎，张永军，吴晓磊.2007.转 Bt 基因棉花根际细菌与古菌群落饥结构分析［J］.土壤学报，44（4）：717-726.

唐力，陈超，谭涛.2010. 美国转基因生物安全管理法规修订及对我国的启示 [J]. 科技与经济，23（6）：35-38.

汪魏，许汀，卢宝荣.2010. 抗除草剂转基因植物的商品化应用及环境生物安全管 理 [J]. 杂草科学（4）：1-9.

王彩红，张辉.2009. 产品属性与网络市场的柠檬问题 [J]. 科技和产业，9（7）：53-57.

王磊，杨超，卢宝荣.2010. 利用决策树方法建立转基因植物环境生物安全评价诊 断平台 [J]. 生物多样性，18（3）：215-226.

王丽娟，李刚，赵建宁，等.2013. 耐除草剂转基因大豆对根际土壤固氮微生物 *nifH* 基因多样性的影响 [J]. 中国油料作物学报，35（6）：703-711.

王身余.2008. 从"影响"、"参与"到"共同治理" [J]. 湘潭大学学报（哲学社 会科学版），32（6）：28-35.

王秀清，孙云峰.2002. 我国食品市场上的质量信号问题 [J]. 中国农村经济（5）：27-32.

王旭静，张欣，刘培磊，等.2016. 复合性状转基因植物的应用现状与安全评价 [J]. 中国生物工程杂志，36（4）：18-23.

王宇红.2012. 我国转基因食品安全政府规制研究 [D]. 杨凌：西北农林科技 大学.

王园园，李云河，陈秀萍，等.2011. 抗虫转基因植物对非靶标节肢动物生态影响 的研究进展 [J]. 生物安全学报，20（2）：100-107.

王忠华.2005. 转 Bt 基因水稻对土壤微生态系统的潜在影响 [J]. 应用生态学报，16（12）：2470-2472.

魏伟，裴克全，桑卫国，等.2002. 转 Bt 基因棉花生态风险评价的研究进展 [J]. 植物生态学报，（26）：127-132.

魏伟，钱迎倩，马克平.1999. 害虫对转基因 Bt 作物的抗性及其管理对策 [J]. 应 用与环境生物学报，5（2）：215-228.

乌兰图雅.2012. 转（Bt+CpT Ⅰ）基因棉对根际微生物群落多样性的影响 [D]. 内蒙古：内蒙古农业大学.

邬晓燕.2012. 转基因作物商业化及其风险治理：基于行动者网络理论视角 [J]. 科学技术哲学研究，29（4）：104-108.

吴发强，王世全，李双成，等.2006. 抗除草剂转基因水稻的研究进展及其安全性 问题 [J]. 分子植物育种，4（6）：846-852.

吴奇，彭德良，彭于发.2008. 抗草甘膦转基因大豆对非靶标节肢动物群落多样性 的影响 [J]. 生态学报，28（6）：2622-2628.

吴奇，彭焕，彭可维.2007. 抗除草剂转基因大豆对豆田主要害虫发生动态的影响

[J].植物保护，33（5）：50-53.

肖国樱，陈芬，孟秋成，等.2015.我国转基因抗除草剂水稻的生态风险与控制 [J].农业生物技术学报，23（1）：1-11.

肖雷波，柯文.2012.技术评估中的科林克里奇困境问题 [J].科学学研究，30 （12）：1789-1794.

肖琴，李建平，刘冬梅.2015.转基因大豆冲击下的中国大豆产业发展对策 [J]. 中国科技论坛（6）：137-141.

肖琴，李建平，周振亚.2012.我国转基因技术发展中的利益相关者分析 [J].中 国科技论坛（4）：38-42.

肖琴.2012.我国农作物转基因技术风险评价研究 [D].北京：中国农业科学院.

肖琴.2015.转基因作物生态风险测度及控制责任机制研究 [D].北京：中国农业 科学院.

肖唐华，周德翼，李成贵.2008.美国转基因生物安全行政监管特点分析 [J].生 态经济（3）：91-94.

肖唐华.2009.转基因作物环境风险特性及其安全管理研究 [D].武汉：华中农业 大学.

肖显静，陆群峰.2008.国家农业转基因生物安全政策合理性分析 [J].公共管理 学报，15（1）：91-99.

肖拥军，李必强.2008.国内利益相关者理论应用研究回顾 [J].商业研究（7）： 36-39.

徐河军，高建，周晓妮.2003.不连续创新的概念和起源 [J].科学学与科学技术 管理，24（7）：53-56.

徐景波.2014.地方政府食品安全责任落实研究 [J].黑龙江政法管理干部学院学 报（1）：39-41.

徐丽丽，田志宏.2014.欧盟转基因作物审批制度及其对我国的启示 [J].中国农 业大学学报，19（3）：1-10.

徐振伟.2014.转基因技术风险及其控制研究 [J].南开学报（哲学社会科学版） （5）：76-84.

旭日干，范云六，戴景瑞，等.2012.转基因作物30年实践 [M].北京：中国农 业科学技术出版社.

杨君，刘金涛，杨德礼.2010.转基因抗除草剂作物全因素层次模型的建立与风险 分析 [J].大连海事大学学报，36（4）：132-135.

杨君.2010.转基因作物风险分析方法研究与安全管理 [D].大连：大连理工 大学.

姚红杰，郭平毅，王宏富.2001.抗除草剂转基因作物的潜在风险及其防范策略

［J］. 中国农学通报，17（4）：63-64.

叶春涛. 2013. 优化我国政府公共管理责任机制的路径探析［J］. 新东方（5）：44-48.

余浩然. 2006. 我国城市蔬菜质量安全政府监管框架的研究［D］. 武汉：华中农业大学.

余敏江. 2011. 论生态治理中的中央与地方政府间利益协调［J］. 社会科学（9）：23-32.

展进涛，石成玉，陈超. 2013. 转基因生物安全的公众隐忧与风险交流的机制创新［J］. 社会科学（7）：39-47.

张谛. 2013. 我国煤炭企业并购风险及规避策略研究［D］. 北京：中国矿业大学.

张金国，刘翔，崔金杰，等. 2006. 转基因（Cry1Ac）抗虫棉对土壤微生物的影响［J］. 中国生物工程杂志，26（5）：78-80.

张炬红，郭建英，万方浩，等. 2008. 转 Bt 基因抗虫棉对棉蚜的风险评价进展［J］. 中国生物防治，24（3）：283-286.

张炬红. 2006. 转 Bt 基因抗虫棉对棉蚜的风险评价［D］. 北京：中国农业科学院.

张谦，郭芳，梁革梅，等. 2010. 转基因棉花主要靶标害虫的抗性发展及抗性治理策略研究［J］. 环境昆虫学，32（2）：256-263.

张一宾. 2007. 世界耐除草剂转基因作物的发展及问题［J］. 农药研究与应用，11（3）：1-4.

张益文，王连荣，张连成，等. 2012. 转基因抗虫棉 Bt 毒蛋白含量时空变化及土壤降解研究［J］. 安徽农业科学，40（25）：12587-12590.

张永军，吴孔明，彭于发，等. 2002. 转抗虫基因植物生态安全性研究进展［J］. 昆虫知识，39（5）：321-327.

张志刚，梅正鼎，杨晓萍. 2006. 我国转基因 Bt 抗虫棉的进展分析与生态风险评估［J］. 生物技术通报（zl）：75-78，82.

张卓，黄文坤，刘茂炎，等. 2011. 转基因耐草甘膦大豆对豆田节肢动物群落多样性的影响［J］. 植物保护，37（6）：115-119.

赵波，张鹏飞. 2012. 抗除草剂转基因大豆的生态安全评价进展［J］. 山地农业生物学报，31（1）：70-76.

赵鹏，高晓明. 2005. 基于风险矩阵的 ERP 项目风险评估［J］. 制造技术与机床（3）：87-90.

赵清，崔金杰，李树红，等. 2006. 转 Bt 基因作物杀虫蛋白土壤残留及检测研究进展［J］. 生物技术通报（zl）：70-74.

赵祥祥. 2006. 转基因抗除草剂油菜与十字花科植物间的基因流研究［D］. 扬州：扬州大学.

周伟.2008.美国的转基因生物安全管理与生物技术风险交流［J］.安徽农学通报，14（21）：3-5.

朱敏.2012.转 cry1Ab/c 基因抗虫水稻对土壤酶活性和根际土壤微生物的影响研究［D］.武汉：华中农业大学.

朱启超，匡兴华，沈永平.2003.风险矩阵方法与应用述评［J］.中国工程科学，5（1）：89-94.

Ammann K, Jacot Y, Mazyad P, et al. 1996. Field release of transgenic crops in Switzerland—An ecological risk assessment of vertical gene flow.//In："Gentechnisch Veranderte Krankheitsund Schadlingsresistente Nutzpflanzen"［M］. vol. 1Chapter：1-157.

Bohanec M, Messean A, Scatasta S. et al. 2008. A qualitative multi—attribute model for economic and ecological assessment of genetically modified crops. Ecological Modelling, 215：247-261.

Dana G V, Kapuscinski A R, Donaldson J S. 2012. Integrating diverse scientific and practitioner knowledge in ecological risk analysis：A case study of biodiversity risk assessment in South Africa. Journal of Environmental Management 98, 134-146.

EPA. 1998. Guidelines for Ecological Risk Assessment［R］. U. S. Environmental Protection Agency, Washington, DC, p. 80.

European Commission. 2000a. Communication from the Commission on the precautionary principle, Commission of the European Communities, Brussels［C］.

European Commission. 2000b. First report on the harmonisation of risk assessment procedures—Part 1：The Report of the Scientific Steering Committee's Working Group on Harmonisation of Risk Assessment Procedures in the Scientific Committees advising the European Commission in the area of human and environmental health, European Commission—Health & Consumer Protection Directorate—General, Brussels［C］.

European Commission. 2002. Commission decision of 24 July 2002 establishing guidance notes supplementing Anne XII to Directive 2001/18/EC of the European Parliament and of the Council on the deliberate release into the environment of genetically modified organisms and repealing Council Directive 90/220/EEC, Commissionon the European Communities, Brussels［R］.

Francesco C, Angelo C, Valeria G, et al. 2014. TÉRA：A tool for the environmental risk assessment of genetically modified plants［J］. Ecological Informatics, 24：186-193.

Garcia-Alonso M, Jacobs E, Raybould A, et al. 2006. A tiered system for assessing the risk of genetically modified plants to non－target organisms［J］. Environmental Biosafety Research, 5：57-65.

Hancock J F. 2003. A framework for assessing the risk of transgenic crops [J]. BioScience (53): 512-519.

Harwood J, Stokes K. 2003. Coping with uncertainty in ecological advice: lessons from fisheries [J]. Trends in Ecology & Evolution, 18: 617-622.

Hayashi K. 2004. Revised regulatory framework for GMOs in Japan: new regulatory systems and approval process for environment and food safety. International Symposium of Safety Assessment of GM Crops and Foods [R].

Herman R A, Alonso M G, Layton R, et al. 2013. Bring policy relevance and scientific discipline to environmental risk assessment for genetically modified crops [J]. Trends in Biotechnology, 9: 493-496.

Hibeck A, Weiss G, Oehen B, et al. 2014. Ranking matrices as operational tools for the environmental risk assessment of genetically modified crops on non-target organisms [J]. Ecological Indicators, 36: 367-381.

Hilbeck A, Andow D A, Arpaia S, et al. 2008. Non-target and Biological Diversity Risk Assessment [M]. In: Andow D. A., Hilbeck A, van Tuat N. (Eds.), Environmental Risk Assessment of Genetically Modified Organisms: vol. 4. Challenges and opportunities with Bt cotton in Vietnam. CAB International, Wallingford, UK.

Hilbeck A, Meier M, Römbke J, et al. 2011. Environmental risk assessment of genetically modified plants - concepts and controversies [EB/OL]. Environ. Sci. Eur. , 23: 13. http: //dX. doi. org/10. 1186/2190-4715-23-13.

Hill R A, Sendashonga C. 2003. General principles for risk assessment of living modified organisms: Lessons from chemical risk assessment [J]. Environmental Biosafety Research, 2: 81-88.

Isaac G E, Keyy W A. 2003. Genetically modified organisms at the world trade organization: a harvest of trouble [J]. Journal of World Trade, 37 (6): 1083-1095.

Koivisto R A, Törmäkangas K M, Kauppinen V S. 2001. Hazard identification and risk assessment procedure for genetically modified plants in the field -GMHAZID [J]. Environ. Sci. Pollut (8): 1-7.

Kvakkestad V, Vatn A. 2011. Governing uncertain and unknown effects of genetically modified crops [J]. Ecological Economics, 70: 524-532.

Levidow L. 2003. Precautionary risk assessment of Bt-maize: what uncertainties? [J]. Journal of Invertebrate Pathology, 83: 113-117.

Nickson T E, McKee M J. 2002. Ecological assessment of crops derived through biotechnology [M]. In JA Thomas, RL Fuchs, eds, Biotechnology and Safety Assessment, Ed 3. Academic Press, Amsterdam: 233-252.

Nickson T E. 2008. Planning environmental risk assessment for genetically modified crops: problem formulation for stress-tolerant crops [J]. Plant Physiology, 147: 494-502.

NRC (National Research Council) . 2002. Environmental Effects of Transgenic Plants: The Scope and Adequacy of Regulation [M]. National Academy Press, Washington, DC.

OECD. 1993. Safety considerations for biotechnology: scale-up of crop plants. Organization for Economic Cooperation and Development, Paris.

OGTR/Australia. 2005. Risk Analysis Framework [R]. Office of the Gene Technology Regulator, Australia.

Olivier Sanvido, Michele Stark, Jorg Romeis, et al. 2006. Ecological impacts of genetically modified crops [R]. Agroscope Reckenhole - Tanikon Research Station ART, Zurich.

Paarlberg R L. 2000. Governing the GM crops revolution: Policy choices for developing countries [EB/OL]. Washington, DC: International Food Policy Research Institute.

Rogers M D. 2001. Scientific and technological uncertainty, the precautionary principle, scenarios and risk management. Journal of Risk Research, 4 (1): 1-15.

Romeis J, Bartsch D, Bigler F. 2006. Moving through the tiered and methodological framework for non - target arthropod risk assessment of transgenic insecticidal crops [EB/OL]. In: Proceedings of the 9th International Symposium on the Biosafety of Genetically Modified Organisms (ed. Roberts A), pp. 64-69. Korea ISBR, Jeju Island.

Sanvido O, Romeis J, Gathmann A, et al. 2012. Evaluating environmental risks of genetically modified crops: ecological harm criteria for regulatory decision-making [J]. Environmental Science & Policy, 15: 82-91.

Suter G W I. 1993. Ecological risk assessment [M]. Lewis Publishers, Boca Raton FL, USA.

Wolt J D, Keese P, Raybould A, et al. 2010. Problem formulation in the environmental risk assessment for genetically modified plants [J]. Transgenic Research, 19: 425-436.